属性拓扑理论及其应用

张 涛 著

科学出版社

北 京

内 容 简 介

本书以属性拓扑理论及其应用为主线，系统地介绍了属性拓扑基本理论及其应用的最新研究成果．全书分为基础知识、概念计算、关联分析、记忆模型4篇，共13章．基础知识篇着重阐述了属性拓扑基本理论及其基本性质；概念计算篇着重阐述基于属性拓扑的全局形式概念搜索、基于拓扑分解的并行概念计算、增量式概念认知学习以及概念树与概念格的相互转化；关联分析篇着重阐述属性拓扑与频繁关联分析、偏序关联分析和粒关联分析的关系与规则挖掘方法；记忆模型篇定义了记忆属性拓扑的记忆模型，并讨论了基于属性拓扑的记忆激活与遗忘机制．

全书注重系统性、严谨性、理论性和可读性，可以作为高等院校应用数学、信息科学、计算机、系统工程等专业高年级本科生及研究生的教学用书，也适合作为相关专业科研工作者的参考辅导工具书．

图书在版编目(CIP)数据

属性拓扑理论及其应用/张涛著. —北京：科学出版社，2017.5
ISBN 978-7-03-052760-8

I.①属… Ⅱ.①张… Ⅲ.①拓扑 Ⅳ.①O189

中国版本图书馆 CIP 数据核字(2017) 第 102605 号

责任编辑：周 涵／责任校对：彭 涛
责任印制：张 伟／封面设计：陈 敬

科 学 出 版 社 出版
北京东黄城根北街 16 号
邮政编码：100717
http://www.sciencep.com

北京虎彩文化传播有限公司 印刷
科学出版社发行 各地新华书店经销
*
2017 年 5 月第 一 版 开本：720×1000 B5
2019 年 11 月第四次印刷 印张：13 3/4 插页：2
字数：278 000

定价：78.00 元
(如有印装质量问题，我社负责调换)

撰写人员名单

（按姓氏笔画排序）

白冬辉　任宏雷　刘梦奇
李　慧　李和合　杨　爽
张　涛　曹海兰　路　静
魏昕宇

前　　言

2011 年，受洪文学教授邀请，马垣先生到燕山大学讲学，其主要内容是形式概念分析的基础知识．其实，作为一个刚刚进入这个领域的门外汉，我有幸聆听了马先生的全部课程．

在课下的讨论中，马先生提到形式概念分析面临的两大应用障碍：过于抽象和运算复杂度高．恰巧在此之前我做了几年的信息可视化，主要目的是将抽象的信息以直观的形式表现给用户，从而降低用户理解的难度．于是我就有了将概念计算过程可视化的念头．自从有了这个念头，听课过程中便开起了小差．马先生在黑板上一丝不苟地严谨推理，而我却在偷偷地尝试将概念计算过程可视化．

在经历多次失败之后，终于在复杂网络分析中找到了突破点．如果将形式背景中的属性表示成结点，将对象对属性的耦合程度表示成结点的关联，形式背景就可以描述成一个属性之间相互关联的图结构．如果将属性替换为计算机，这样的结构就如同计算机的网络拓扑描述，因此将这个描述模型命名为属性拓扑．

有了属性拓扑的基本表示之后，开始研究如何利用属性拓扑进行概念计算．对最初的设想经历了一系列的修正后，最终将属性拓扑看作一个通信网络，拓扑中的耦合关系看作通信协议，这样概念计算问题就自然转化成了网络中的点到点通信问题和路径搜索问题．于是，基于串行思想的形式概念分析算法逐渐成型，该算法解决了概念计算的可视化问题．

但运算速度问题始终未能解决，几次试图减少运算复杂度未果的情况下转战并行计算．这时候，属性拓扑的网络模型再次发挥作用．反向利用拓扑中的耦合关系，将一个完整的属性拓扑分解为若干个概念上耦合的子拓扑，从而完成全并行的概念计算．经过实验验证，这样的解法尤其适合于大背景下的概念提取．于是，通过并行机制提高概念计算的速度，也算是完成了一次"曲线救国"．

在解决了串行和并行的概念计算问题之后，我们又研究了增量式数据对属性拓扑的影响以及增量式概念计算过程，同样得到了令人振奋的结果．至此，最初利用属性拓扑进行概念计算的初衷得以全部实现．

在进行概念计算的研究过程中，发现借助属性拓扑的图论本质会为其带来更大的应用空间．利用图和树两种数据结构间的转化关系，我们证明了属性拓扑与属性偏序图间的可转化关系，为属性拓扑的偏序关系发现铺平了道路；证明了属性拓扑与频繁模式树的可转化关系，并设计了关联关系发现算法；研究了属性拓扑对属性聚类特性的描述, 实现了 "拓扑粒" 的描述与计算. 这些扩展为属性拓扑今后在数据分析领域的发展奠定了基础.

在研究增量式概念计算过程中, 发现该过程与人脑认知过程的相似性, 于是开始从记忆模型角度对属性拓扑进行重新解释. 在学习了心理学知识之后, 利用属性拓扑完成了记忆、唤醒与遗忘的解释, 构造出了以属性拓扑为基础的记忆模型. 这使得属性拓扑在原有的描述基础上加入了时间轴, 可以分析不同时间下概念认知与关联认知的变化过程, 符合当前认知计算与类脑计算的研究方向.

时至今日, 属性拓扑已经在概念计算、关联分析、记忆模型三个大方向上初露头角. 三个方向相互关联、相互促进、相互补充, 构成了本书的主体内容. 全书由张涛负责统稿, 具体章节撰写分工如下:

第 1 章由张涛、李和合撰写; 第 2 章由白冬辉、张涛、李和合撰写; 第 3 章由李慧、曹海兰撰写; 第 4 章由白冬辉撰写; 第 5 章由曹海兰撰写; 第 6 章由李慧、魏昕宇、李和合撰写; 第 7 章至第 10 章由魏昕宇撰写; 第 11 章至第 13 章由杨爽撰写. 书稿的校对工作由李和合和刘梦奇负责.

回首属性拓扑的研究之路, 过程绝非一帆风顺. 在每次遇到迷茫的时候总能有幸得到我的导师洪文学先生的耐心指导, 让我得以坚持至今, 感谢之情非言语所能表达; 在研究过程中刘文远教授的悉心点拨为属性拓扑的应用指明了道路; 还需要感谢的是一路陪我走来的研究生团队, 在属性拓扑还不被认可的时候, 可以顶住压力随我一起潜心研究, 并为本书的写作贡献了重要力量. 尤其是作为早期成员的路静与任宏雷, 为属性拓扑的基础研究做出了重要贡献.

在撰写本书的过程中, 我们参考了许多同类著作, 吸收了许多观点, 在此由衷地表示感谢, 并在参考文献中列出. 特别感谢马垣教授对该研究提出的宝贵意见和建议.

本书的出版得到了国家自然科学基金项目 (项目编号: 61603327)、河北省自然科学基金项目 (项目编号: F2015203013)、河北省青年拔尖人才支持计划的资助, 在此一并表示感谢.

由于作者水平有限, 加上时间仓促, 书中难免存在不足之处, 敬请读者批评指正.

张　涛

燕山大学

2017 年 3 月

目　　录

第一篇　基 础 知 识

第二篇　概 念 计 算

第三篇　关 联 分 析

彩图

第一篇
基 础 知 识

第1章 预备知识

属性拓扑是一种基于图论的表示方法, 最早来源于对形式概念分析中概念计算的研究, 进而在关联规则等方面获得了应用. 因此, 作为预备知识, 本章介绍形式概念分析、图论以及关联规则的部分基本内容.

1.1 形式概念分析

1.1.1 形式背景

形式概念分析是以数学化的概念和概念层次为基础的应用数学领域, 它激发了人们对于概念数据分析和知识处理的数学思考. 形式背景是形式概念分析的基本表示方法 [1], 其定义如下.

定义 1-1[2] 形式背景可以用三元组 $K = (G, M, I)$ 表示, 其中 G 表示所有对象的集合, M 表示所有属性的集合, $I \subseteq G \times M$ 表示对象与属性之间的关系, $G \times M$ 表示集合 G 与集合 M 的笛卡儿积.

定义 1-2[2] 设 $K = (G, M, I)$ 是一个形式背景, 若 $A \subseteq G, B \subseteq M$, 令

$$f(A) = \{m \in M | \forall g \in A, (g, m) \in I\} \tag{1-1}$$

及

$$g(B) = \{g \in G | \forall m \in B, (g, m) \in I\} \tag{1-2}$$

性质 1-1 如果 $K = (G, M, I)$ 是一个形式背景, $A, A_1, A_2 \subseteq G$ 是对象的集合, $B, B_1, B_2 \subseteq M$ 是属性的集合, 则有下面的一些性质 [1]:

$$A_1 \subseteq A_2 \Rightarrow f(A_2) \subseteq f(A_1)$$

$$B_1 \subseteq B_2 \Rightarrow g(B_2) \subseteq g(B_1)$$

$$A \subseteq g(f(A)), B \subseteq f(g(B))$$

$$f(A) = f(g(f(A))), g(B) = g(f(g(B)))$$

$$A \subseteq g(B) \Leftrightarrow B \subseteq f(A) \Leftrightarrow A \times B \subseteq I$$

表 1-1 为一个形式背景, 显然, 该形式背景的对象集为 $G = \{1, 2, 3, 4, 5, 6, 7, 8\}$, 属性集为 $M = \{a, b, c, d, e, f, g, h, i\}$. 表 1-1 的符号意义见表 1-2.

表 1-1   生物和水的形式背景

	a	b	c	d	e	f	g	h	i
1	×	×					×		
2	×	×					×	×	
3	×	×	×				×	×	
4	×		×				×	×	×
5	×	×		×		×			
6	×	×	×	×		×			
7	×		×	×	×				
8	×		×	×		×			

表 1-2   符号表

属性	符号	对象	符号
需要水	a	蚂蝗	1
水里生活	b	娃娃鱼	2
陆地生活	c	蛙	3
有叶绿素	d	狗	4
双子叶	e	水草	5
单子叶	f	芦苇	6
能运动	g	豆	7
有四肢	h	玉米	8
哺乳	i	——	——

由上述形式背景可以看出, 形式背景的性质明显成立:

$$f(\{1,2,3\}) = \{a,b,g\} \subseteq f(\{2,3\}) = \{a,b,g,h\}$$

$$g(\{a,b,c\}) = \{3,6\} \subseteq g(\{a,b\}) = \{1,2,3,5,6\}$$

$$\{4,5\} \subseteq g(f(\{4,5\})) = \{1,2,3,4,5,6,7,8\}$$

$$\{c,d\} \subseteq f(g(\{c,d\})) = \{a,c,d\}$$

$$f(\{4,7\}) = f(g(f(\{4,7\}))) = \{a,c\}$$

$$g(\{b,h\}) = g(f(g(\{b,h\}))) = \{2,3\}$$

$$\{5,6,8\} \subseteq g(\{a,d\}) = \{5,6,7,8\}$$
$$\Leftrightarrow \{a,d\} \subseteq f(\{5,6,8\}) = \{a,d,f\}$$
$$\Leftrightarrow \{5,6,8\} \times \{a,d\} \subseteq I$$

1.1.2 形式概念

设 $K = (G, M, I)$ 是一个形式背景，并设 $A \subseteq G, B \subseteq M$, 如果 A, B 满足 $f(A) = B, g(B) = A$, 则称二元组 (A, B) 是形式背景 K 中的一个概念，并将 A 称为概念 (A, B) 的外延，B 称为概念 (A, B) 的内涵. 由此可见概念是外延和内涵的统一. 通常用 $\mathfrak{B}(G, M, I)$ 或 $\mathfrak{B}(K)$ 表示形式背景 $K = (G, M, I)$ 上的所有概念集合.

定义 1-3 形式背景的全局概念是指以该背景的所有属性为内涵, 对应的对象集为外延构成的概念 (称为全属性全局概念) 或者以所有的对象为外延, 对应的属性集为内涵构成的概念 (称为全对象全局概念). 形式背景 $K = (G, M, I)$ 下的全局概念只有两个, 即 $(G, f(G))$ 和 $(g(M), M)$.

性质 1-2 由性质 1-1 可知, $(g(f(A)), f(A))$ 一定是概念. 又因为如果 (A', B') 是概念, 且 $A \subseteq A'$, 则 $A \subseteq g(f(A)) \subseteq g(f(A'))$, 所以可知 $g(f(A))$ 是包含对象集 A 的最小外延, 于是 $A \subseteq G$ 是外延, 当且仅当 $A = g(f(A))$. 同理可知, $B \subseteq M$ 是内涵, 当且仅当 $B = f(g(B))$.

性质 1-3 两个外延的并集并不一定还是外延, 同样两个内涵的并集也不一定是内涵. 但是, 任意数量的外延的交集一定是还是外延, 任意数量的内涵的交集也一定还是内涵. 即: 若 T 是索引集, 而且对每个 $t \in T, A_t \subseteq G$ 都是对象的集合, 则必有

$$f(\bigcup_{t \in T} A_t) = \bigcap_{t \in T} f(A_t)$$

由形式概念的定义可知, 表 1-1 所示形式背景中,

$$f(\{1, 2, 3, 4, 5, 6, 7, 8\}) = \{a \in M | \forall g \in \{1, 2, 3, 4, 5, 6, 7, 8\}, (g, a) \in I\}$$

并且

$$g(a) = \{g \in G | (g, a) \in I\}$$

因此, 二元组 $(12345678, a)$ 为一个形式概念, 其中 $\{1, 2, 3, 4, 5, 6, 7, 8\}$ 为形式概念的外延, $\{a\}$ 为形式概念的内涵. 又因为这个形式概念的外延集合 $\{1, 2, 3, 4, 5, 6, 7, 8\} = G$, 于是, 概念 $(12345678, a)$ 为一个全局概念, 并且是全对象全局概念. 显然可以直接看出该形式背景的全属性全局概念为 $(\varnothing, abcdefghi)$.

依照形式概念的定义, 可以计算出表 1-1 背景下的所有形式概念: $(12345678, a)$, $(\varnothing, abcdefghi)$, $(1234, ag)$, $(34678, ac)$, $(12356, ab)$, $(5678, ad)$, $(234, agh)$, $(123, abg)$, $(36, abc)$, $(678, acd)$, $(568, adf)$, $(56, abdf)$, $(68, acdf)$, $(23, abgh)$, $(34, acgh)$, $(3, abcgh)$, $(4, acghi)$, $(6, abcdf)$, $(7, acde)$.

这些概念中, 做任意外延的交集, 如概念 $(678, acd)$ 和 $(568, adf)$, $\{6, 7, 8\} \bigcap \{5, 6, 8\} = \{6, 8\}$, 而对象集合 $\{6, 8\}$ 仍然是外延, 对应的概念为 $(68, acdf)$; 做任意

内涵的交集, 如概念 $(234, agh)$, $(123, abg)$ 和 $(4, acghi)$, 得到 $\{a, g, h\} \bigcap \{a, b, g\} \bigcap \{a, c, g, h, i\} = \{a, g\}$, 而属性集 $\{a, g\}$ 仍然是内涵, 对应的概念为 $(1234, ag)$.

1.1.3　形式背景的子背景与形式概念

定义 1-4　若一个形式背景 $K = (G, M, I)$ 中有 $H \subseteq G$, $N \subseteq M$, 则 $K_{\text{sub}} = (H, N, I \bigcap H \times N)$ 就是形式背景 $K = (G, M, I)$ 的一个子背景 [1].

形式背景的子背景中保持了原始背景的对象和属性之间的关系, 只是相对应的去掉了一些属性集和对应所属的对象集. 如果仅仅去掉属性, 即如果对于一个集合 $N \subseteq M$, 考虑子背景 $K_{\text{sub}} = (H, N, I \bigcap H \times N)$, 那么子背景 $K_{\text{sub}} = (H, N, I \bigcap H \times N)$ 中的每个属性外延也都是原始背景 $K = (G, M, I)$ 中的一个属性外延, 并且由于每个概念外延是属性外延的交集, 因此, 对于形式背景的概念, 子背景 $K_{\text{sub}} = (H, N, I \bigcap H \times N)$ 中的所有外延也都是原始背景 $K = (G, M, I)$ 中的外延.

表 1-3 为一个原始的形式背景 $K = (G, M, I)$, 其中 $G = \{1, 2, 3, 4, 5, 6\}$, $M = \{a, b, c, d, e\}$. 现在取 $H \subseteq G = \{1, 3, 5, 6\}$, $N \subseteq M = \{a, b, c, e\}$, 则形式背景 $K_{\text{sub}} = (H, N, I \bigcap H \times N)$ 即为原始背景 $K = (G, M, I)$ 的一个子背景, 如表 1-4 所示.

表 1-3　一个原始形式背景

	a	b	c	d	e
1	×	×			×
2	×	×	×	×	
3		×			×
4			×	×	
5	×	×			×
6	×		×		

表 1-4　表 1-3 所示形式背景的一个子背景

	a	b	c	e
1	×	×		×
3		×		×
5	×	×		×
6	×		×	

显然, 由于对象集的子集和属性集的子集都不唯一, 因此一个形式背景的子背景也是不唯一的.

1.1.4　概念格与 Hasse 图

定义 1-5[2]　若 (A_1, B_1) 和 (A_2, B_2) 是某个形式背景上的两个概念, 而且 $A_1 \subseteq A_2$(等价于 $B_2 \subseteq B_1$, 因为由形式背景的性质可知 $f(A_2) \subseteq f(A_1)$), 则称 (A_1, B_1) 是

(A_2, B_2) 的子概念, 而 (A_2, B_2) 是 (A_1, B_1) 的超概念, 并记为 $(A_1, B_1) \leqslant (A_2, B_2)$, 关系 $\leqslant$ 称为概念的 "层次序", 简称为 "序". (G, M, I) 的所有概念用这种序组成的集合称为背景 (G, M, I) 上的概念格.

Hasse 图将概念格中的偏序关系用一种最简单而有效的图表示出来, 能够整体直观地表达出概念格中所有概念的关系, 是表示一个概念格的最好方式, 同时也是最通用的方法 [3]. Hasse 图的具体画法是, 将偏序集 $(S, \leqslant)$ 中 S 的各元素分别作为图中的各顶点, 若有 $x \in S, y \in S$, 满足 $x < y$ 且不存在 $z \in S$ 使得 $x < z < y$, 则绘制从顶点 x 到顶点 y 的线段, 这些线段之间可以相交, 但是每条线段上只能有两个顶点, 即线段上不能接触到任何除了线段端点外的其他任何顶点. 这种以 S 的元素为顶点的标注的图唯一地确定了该集合的偏序关系.

图 1-1 为表 1-1 对应的 Hasse 图, 图中每一个结点都代表一个概念, 而 Hasse 图的全部结点就是此形式背景下的所有概念. Hasse 的每层都按照外延集合越来越小, 内涵集合越来越大的序排列, 有直接从属关系的概念直接相连, 以此构成了完整的 Hasse 图.

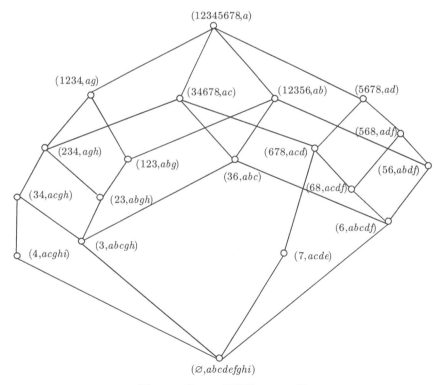

图 1-1   表 1-1 对应的 Hasse 图

由图 1-1 可以直观地看出每个概念之间的次序关系, 并且可以知道, 第一层结点表示的概念 $(12345678, a)$ 为这个概念格的全对象全局概念, 最后一层结点表示的概念 $(\varnothing, abcdefghi)$ 为这个概念格的全属性全局概念; 第二层结点中的概念 $(1234, ag)$ 为下一层结点中概念 $(234, agh)$ 和 $(123, abg)$ 的超概念, 而反过来, 概念 $(234, agh)$ 和 $(123, abg)$ 即为概念 $(1234, ag)$ 的子概念.

1.2　图　　论

在现代科技领域中, 图的应用十分广泛, 如电路分析、通信工程、网络理论、人工智能、形式语言、系统工程、控制论和管理工程等都广泛应用了图的理论 [4]. 属性拓扑的基本思想即来自于图论与形式概念分析的结合. 本节介绍图论的基本知识.

1.2.1　图的定义与术语

定义 1-6　图是数据结构 $G = (V, E)$, 其中 $V(G)$ 是 G 中结点的有限非空集合, 结点的偶对称为边, $E(G)$ 是 G 中边的有限集合. 图中的结点常称为顶点.

定义 1-7　若图中代表一条边的偶对是有序的, 则称其为有向图. 用 $\langle u, v \rangle$ 代表有向图中的一条有向边, u 称为该边的始点 (尾), v 称为边的终点 (头). $\langle u, v \rangle$ 和 $\langle v, u \rangle$ 这两个偶对代表不同的边. 有向边也称弧.

定义 1-8　若图中代表一条边的偶对是无序的, 则称其为无向图. 用 (u, v) 代表无向图中的边, 这时 (u, v) 和 (v, u) 是同一条边. 事实上, 对任何一个有向图, 若 $\langle u, v \rangle \in E$, 必有 $\langle v, u \rangle \in E$, 即 E 是对称的, 则可以用一个无序对 (u, v) 代替这两个有序对, 表示 u 和 v 之间的一条边, 便成为无向图.

图 1-2 中的 G_1 是无向图, G_2 是有向图.

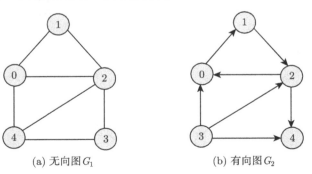

(a) 无向图 G_1　　　　　　　　(b) 有向图 G_2

图 1-2　图的示例

$$V(G_1) = V(G_2) = \{0, 1, 2, 3, 4\}$$

$$E(G_1) = \{(0,1),(0,2),(0,4),(1,2),(2,3),(2,4),(3,4)\}$$
$$E(G_2) = \{\langle 0,1\rangle, \langle 1,2\rangle, \langle 2,0\rangle, \langle 2,4\rangle, \langle 3,0\rangle, \langle 3,2\rangle, \langle 3,4\rangle\}$$

定义 1-9　如果边 (u,u) 或 $\langle u,u\rangle$ 是允许的, 这样的边称为自回路. 如图 1-3(a) 所示. 两顶点间允许有多条相同边的图, 称为多重图, 如图 1-3(b) 所示. 本节的图不允许自回路和多重图.

定义 1-10　如果一个图有最多的边数, 称为完全图. 无向完全图有 $n(n-1)/2$ 条边; 有向完全图有 $n(n-1)$ 条边. 图 1-4 是一个无向完全图.

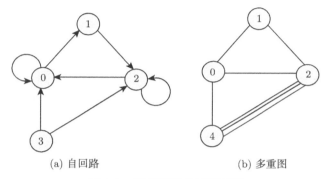

(a) 自回路　　　　　　　　(b) 多重图

图 1-3　自回路和多重图示例

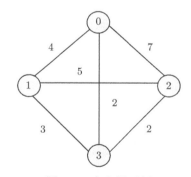

图 1-4　完全图示例

定义 1-11　若 (u,v) 是无向图的一条边, 则称顶点 u 和 v 相邻接, 并称边 (u,v) 与顶点 u 和 v 相关联. 若 $\langle u,v\rangle$ 是有向图的一条边, 则称顶点 u 邻接到顶点 v, 顶点 v 邻接自顶点 u, 并称边 $\langle u,v\rangle$ 与顶点 u 和 v 相关联.

图 1-2(a) 无向图 G_1 中, 顶点 1 和顶点 2 相邻接. 图 1-2(b) 有向图 G_2 中, 顶点 1 邻接到顶点 2, 顶点 2 邻接自顶点 1, 与顶点 2 相关联的弧 $\langle 1,2\rangle$, $\langle 2,0\rangle$, $\langle 2,4\rangle$ 和 $\langle 3,2\rangle$.

图 G 的一个子图是一个图 $G' = (V', E')$, 使得 $V'(G') \subseteq V(G)$, $E'(G') \subseteq E(G)$.

图 1-5 给出了图 1-2 所示的图 G_1 和 G_2 的若干子图.

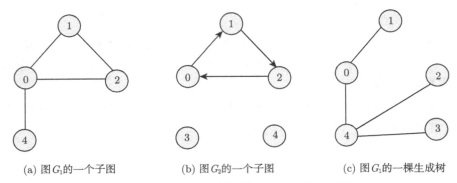

(a) 图 G_1的一个子图   (b) 图 G_2的一个子图   (c) 图 G_1的一棵生成树

图 1-5   图 1-2 所示的图的子图和生成树示例

在无向图 G 中, 一条从 s 到 t 的路径是一个顶点的序列: $(s, v_1, v_2, \cdots, v_k, t)$, 使得 $\langle s, v_1 \rangle, \langle v_1, v_2 \rangle, \cdots, \langle v_k, t \rangle$ 是图 G 的边. 若图 G 是有向图, 则该路径使得 $\langle s, v_1 \rangle, \langle v_1, v_2 \rangle, \cdots, \langle v_k, t \rangle$ 是图 G 的边. 路径上边的数目称为路径长度.

定义 1-12   如果一条路径上的所有顶点, 除起始顶点和终止顶点可以相同外, 其余顶点各不相同, 则称其为简单路径. 一个回路是一条简单路径, 其起始顶点和终止顶点相同.

图 1-2(a) 无向图 G_1 中, (0, 1, 2, 4) 是一条简单路径, 其长度为 3; (0, 1, 2, 4, 0) 是一条回路; (0, 1, 2, 0, 4) 是一条路径, 但不是简单路径.

定义 1-13   一个无向图中, 若两个顶点 u 和 v 之间存在一条从 u 到 v 的路径, 则称 u 和 v 是连通的. 若图中任意一对顶点都是连通的, 则称此图是连通图. 一个有向图中, 若任意一对顶点 u 和 v 间存在一条从 u 到 v 的路径和一条从 v 到 u 的路径, 则称此图是强连通图. 图 1-2 中无向图 G_1 是连通图, 有向图 G_2 不是强连通图.

定义 1-14   无向图的一个极大连通子图称为该图的一个连通分量. 有向图的一个极大强连通子图称为该图的一个强连通分量. 图 1-6(a) 的有向图的两个强连通分量如图 1-6(b) 所示.

定义 1-15   图中一个顶点的度是与该顶点相关联的边的数目. 有向图的顶点 v 的入度是以 v 为头的边的数目, 顶点 v 的出度是以 v 为尾的边的数目. 图 1-6(a) 的图中, 顶点 0 的度为 4, 入度为 3, 出度为 1.

定义 1-16   一个无向连通图的生成树是一个极小连通子图, 它包括图中全部顶点, 但只有足以构成一棵树的 $n-1$ 条边. 图 1-5(c) 是图 1-2(a) 无向图 G_1 的一棵生成树. 有向图的生成森林是这样一个子图, 它由若干棵互不相交的有根有向树组成, 这些树包含了图中全部顶点. 有根有向树是一个有向图, 它恰有一个顶点入度为 0, 其余顶点的入度为 1, 并且如果略去此图中边的方向, 处理成无向图后, 图是连通的. 不包含回路的有向图称为有向无环图 (DAG 图). 一棵自由树是不包含回路的连通图.

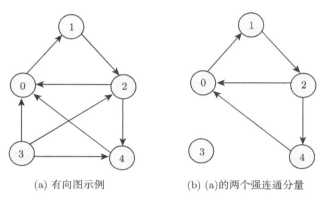

(a) 有向图示例   (b) (a)的两个强连通分量

图 1-6   图的强连通分量

1.2.2 图的存储结构

1. 图的矩阵表示法

邻接矩阵和关联矩阵是图的两种矩阵表示法. 邻接矩阵表示图中顶点间相邻接关系, 关联矩阵表示图中顶点与边相关联的关系.

1) 邻接矩阵

邻接矩阵是表示图中顶点之间相邻接关系的矩阵. 一个有 n 个顶点的图 $G = (V, E)$ 的邻接矩阵是一个 $n \times n$ 的矩阵 A.

如果 G 是无向图, 那么 A 中元素定义如下

$$A[u][v] = \begin{cases} 1, & \text{如果}(u,v) \in E\text{或}(v,u) \in E \\ 0, & \text{其他} \end{cases} \tag{1-3}$$

如果 G 是有向图, 那么 A 中元素定义如下

$$A[u][v] = \begin{cases} 1, & \text{如果}\langle u,v \rangle \in E \\ 0, & \text{其他} \end{cases} \tag{1-4}$$

如果 G 是带权的有向图 (网), 那么 A 中元素定义如下

$$A[u][v] = \begin{cases} w(u,v), & \text{如果}\langle u,v \rangle \in E \\ 0, & \text{如果}u = v \\ \infty, & \text{其他} \end{cases} \tag{1-5}$$

其中, $w(u, v)$ 是边 $\langle u, v \rangle$ 的权值.

对于带权的无向图, 可参照样式 (1-3) 和式 (1-5), 得到与式 (1-5) 类似的邻接矩阵.

图 1-7 所示为图的邻接矩阵表示的例子. 图 1-7(d) 和 (e) 分别是 (a) 和 (b) 的图 G_1 和 G_2 的邻接矩阵. G_1 是对称矩阵, 因为一条无向边可视为两条有向边. 图 1-7(f) 是 (c) 的网 G_3 的邻接矩阵. 若 $\langle u, v \rangle$ 是图中的边, 则 $A[u][v]$ 为边 $\langle u, v \rangle$ 上的权值, 否则 $A[u][v]$ 为 ∞. 主对角线均为 0.

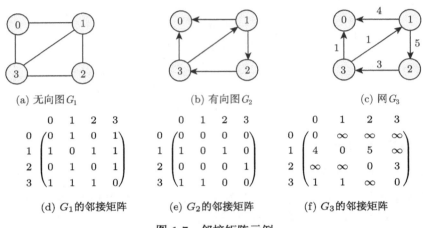

图 1-7   邻接矩阵示例

2) 关联矩阵

前面提到, 图在工程技术中应用十分广泛. 在电路分析中, 常使用关联矩阵, 这是图的另外一种表示方法. 对图 1-8 所示的电路, 根据基尔霍夫定律, 列出结点的电流方程是

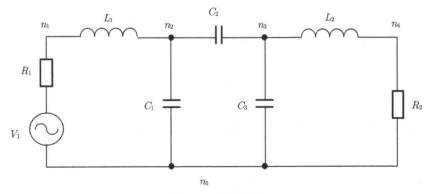

图 1-8   电路示例

$$\begin{cases} i_{B1} + i_{I1} = 0 & (\text{结点} n_1) \\ i_{C1} + i_{C2} - i_{I1} = 0 & (\text{结点} n_2) \\ i_{I2} + i_{C2} - i_{C3} = 0 & (\text{结点} n_3) \\ i_{B2} - i_{I2} = 0 & (\text{结点} n_4) \end{cases}$$

写成矩阵形式为

$$\begin{array}{c} \\ n_1 \\ n_2 \\ n_3 \\ n_4 \end{array} \begin{array}{cccccccc} L_1 & C_2 & L_2 & R_1 & C_1 & C_3 & R_2 \\ \begin{pmatrix} 1 & 0 & 0 & 1 & 0 & 0 & 0 \\ -1 & 1 & 0 & 0 & 1 & 0 & 0 \\ 0 & 1 & 1 & 0 & 0 & -1 & 0 \\ 0 & 0 & -1 & 0 & 0 & 0 & 1 \end{pmatrix} \end{array} \begin{pmatrix} i_{I1} \\ i_{C2} \\ i_{I2} \\ i_{B1} \\ i_{C1} \\ i_{C3} \\ i_{B2} \end{pmatrix} = 0$$

上式左边的矩阵是图的关联矩阵 A, 右边向量称为支路电流向量 I_b, 这样基尔霍夫电流定律可写成矩阵表示式 $A \cdot I_b = 0$.

事实上, 对于一个图, 除了可用邻接矩阵表示外, 还对应着一个图的关联矩阵. 关联矩阵是表示图中边与顶点相关联的矩阵. 有向图 $G = (V, E)$ 的关联矩阵是如下定义的 $n \times m$ 阶矩阵, 即

$$A[v][j] = \begin{cases} 1, & \text{如果顶点} v \text{是弧} j \text{的起点} \\ -1, & \text{如果顶点} v \text{是弧} j \text{的终点} \\ 0, & \text{如果顶点} v \text{与弧} j \text{不相关联} \end{cases} \tag{1-6}$$

既然一个图可以用矩阵表示, 那么, 为了在计算机内存储图, 只需存储表示图的矩阵. C++ 语言存储矩阵的最直接的方法是二维数组. 图的结构复杂, 使用广泛, 所以存储表示方法也多种多样. 对于不同的应用, 往往采用不同的存储方法.

2. 图的邻接表表示法

邻接表是图的另外一种有效的存储表示方法. 在邻接表中, 为图的每个顶点 u 建立一个单链表, 链表中每个结点代表一条边 $\langle u, v \rangle$, 称为边结点. 这样, 顶点 u 的单链表记录了邻接自 u 的全部顶点. 实际上, 每个单链表相当于邻接矩阵的一行.

边结点通常具有图 1-9(a) 所示的格式, 其中 adjVex 域指示 u 的一个邻接点 v, nextArc 指向 u 的下一个边结点. 如果是网, 则增加一个 w 域存储边上的权值. 每个单链表可设立一个存放顶点 u 有关信息的结点, 也称顶点结点, 其结构如图

1-9(c) 所示. 其中, element 域存放顶点的名称及其他信息, firstArc 指向 u 的第一个边结点. 我们可以将顶点结点按顺序存储方式组织起来.

在图结构中, 习惯用编号来标识顶点. 为了简单起见, 图 1-9(d) 至 (f) 中未列出保存顶点信息的 element 域, 只是简单地使用一个指针数组. 图 1-9(d) 至 (f) 分别是图 1-7(a) 至 (c) 的无向图 G_1、有向图 G_2 和网 G_3 的邻接表结构. 无向图的邻接表中, 一条边对应两个边结点, 网的邻接表使用图 1-9(b) 的边结点结构, 域 w 保存边上的权值.

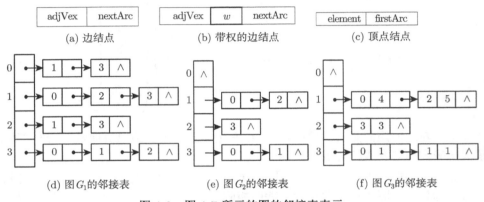

图 1-9   图 1-7 所示的图的邻接表表示

1.3   关 联 规 则

1.3.1   关联规则基础

关联关系在现实世界中普遍存在. 人与人之间的相互交往是一种关联, 事与事之间的前因后果是一种关联, 物与物之间的属性归属也是一种关联. 正是由于万事万物的普遍关联特性, 才使得关联关系挖掘成为了数据挖掘领域中最活跃的研究主题之一. 为了理解关联关系的基本定义, 以下以经典的购物篮为例进行分析 (表 1-5).

表 1-5   某超市的交易数据库

交易号 TID	顾客购买的商品	交易号 TID	顾客购买的商品
$T1$	bread, cream, milk, tea	$T6$	bread, tea
$T2$	bread, cream, milk	$T7$	beer, milk, tea
$T3$	cake, milk	$T8$	bread, tea
$T4$	milk, tea	$T9$	bread, cream, milk, tea
$T5$	bread, cake, milk	$T10$	bread, milk, tea

定义 1-17 设 $I = \{i_1, i_2, \cdots, i_m\}$, 是 m 个不同的项目的集合, 每个 i_k 称为一个项目. 项目的集合 I 称为项集. 其元素的个数称为项集的长度, 长度为 k 的项集称为 k- 项集. 引例中每个商品就是一个项目, 项集为 $I = \{$bread, beer, cake, cream, milk, tea$\}$, I 的长度为 6.

定义 1-18 每笔交易 T 是项集 I 的一个子集. 对应每一个交易有一个唯一标识交易号, 记作 TID. 交易全体构成了交易数据库 D, $|D|$ 等于 D 中交易的个数. 引例中包含 10 笔交易, 因此 $|D| = 10$.

定义 1-19 对于项集 X, 设定 count$(X \subseteq T)$ 为交易集 D 中包含 X 的交易的数量, 则项集 X 的支持度为

$$\mathrm{support}\,(X) = \mathrm{count}\,(X \subseteq T)\,/\,|D|$$

引例中 $X = \{$bread, milk$\}$ 出现在 $T1, T2, T5, T9$ 和 $T10$ 中, 所以支持度为 0.5.

定义 1-20 最小支持度是项集的最小支持阈值, 记为 $\sup_{\min}$, 代表了用户关心的关联规则的最低重要性. 支持度不小于 $\sup_{\min}$ 的项集称为频繁集, 长度为 k 的频繁集称为 k-频繁集. 如果设定 $\sup_{\min}$ 为 0.3, 引例中 $\{$bread, milk$\}$的支持度是 0.5, 所以是 2-频繁集.

定义 1-21 关联规则是一个蕴涵式:

$$R : X \Rightarrow Y$$

其中 $X \subset I, Y \subset I$, 并且 $X \bigcap Y = \varnothing$. 表示项集 X 在某一交易中出现, 则导致 Y 以某一概率也会出现. 用户关心的关联规则, 可以用两个标准来衡量: 支持度和可信度.

定义 1-22 关联规则 R 的支持度是交易集同时包含 X 和 Y 的交易数与 $|D|$ 之比. 即

$$\mathrm{support}\,(X \Rightarrow Y) = \mathrm{count}\,(X \bigcup T)\,/\,|D|$$

支持度反映了 X, Y 同时出现的概率. 关联规则的支持度等于频繁集的支持度.

定义 1-23 对于关联规则 R, 可信度是指包含 X 和 Y 的交易数与包含 X 的交易数之比. 即

$$\mathrm{confidence}\,(X \Rightarrow Y) = \mathrm{support}\,(X \Rightarrow T)\,/\,\mathrm{support}\,(X)$$

可信度反映了如果交易中包含 X, 则交易包含 Y 的概率. 一般来说, 只有支持度和可信度较高的关联规则才是用户感兴趣的.

1.3.2　关联规则分类

从广义上讲, 关联规则根据关联关系的不同, 可以分为频繁关联规则、偏序关联规则、粒规则、充要关联规则等. 其中, 充要关联规则即为形式概念的表示, 因此, 本书将在第三篇侧重对频繁关联规则、偏序关联规则与粒规则进行讨论. 其规则定义如下:

1. 频繁关联规则

定义 1-24　设频繁度阈值为 F, 若关联规则 $X \rightarrow Y$, 满足 $s(X \rightarrow Y) \geqslant F$, 则称规则 $X \rightarrow Y$ 为频繁关联规则.

频繁关联规则是关联规则中研究最为充分的一种. 当前的频繁关联规则挖掘研究可以分为以下几类:

第一类是 Apriori 算法 [5] 及其改进算法. 此类算法均基于以下核心思想: 频繁项目集的任意非空子集一定是频繁项目集; 非频繁项目集的任意超集一定是非频繁项目集. 其改进主要集中在: 基于 MapReduce 的并行化改进 [6-8] 和基于 Spark 的并行化改进 [9-11].

第二类是 FP-tree 算法 [12] 及其改进算法. 此类算法均基于韩家炜博士提出的一种压缩的频繁项目树形结构, 从而省略了候选项集生成的过程, 并提升了频繁项目集发现效率. 其改进主要集中在: 最大频繁项集的有效挖掘 [13]、算法并行化 [14-16]、负载均衡优化 [17,18]. Karim 等利用提前缩小数据集的方法, 从数据预处理的角度, 降低频繁模式树的规模 [19].

第三类是将关联规则应用到图的知识发现问题上, 产生了频繁子图挖掘算法. 此类算法主要分为基于广度优先搜索的算法, 如 AGM[20]、FSG[21]; 基于深度优先搜索的算法, 如 gSpan[22]、FFSM[23]、closeGraph[24] 等.

2. 偏序关联规则

序列数据挖掘的概念最初由 Agrawal 和 Strikant 提出. 其在传统事务数据库中引入了序的概念, 提出了三个基于 Apriori 算法的序关联挖掘算法 Apriori-All、AprioriSome、DynamicSome[25], 进一步提出了经典的 GSP 算法 [26]. 刘端阳等提出了一种基于逻辑的频繁序列模式挖掘算法 [27]. 在各种序关联规则挖掘算法中, 偏序关联规则挖掘是其中重要一环.

定义 1-25(偏序关系)[1]　如果定义在集合 M 上的一个二元关系 R, 对于所有的元素 $x, y, z \in M$, 都满足下列条件, 则称 R 是集合 M 的一个偏序关系.

(1) 自反性: xRx;

(2) 传递性: xRy 且 $yRz \Rightarrow xRz$;

(3) 反对称性: xRy 且 $yRx \Rightarrow x = y$.

对于偏序关系 R, 通常用符号 $\leqslant$ 来表示 (对于 R^{-1}, 则使用符号 $\geqslant$ 表示), 如果: $x \leqslant y$ 且 $x \neq y$, 则通常写作 $x < y$.

目前进行偏序规则挖掘的主要方法为属性偏序图. 属性偏序图的哲学原理如图 1-10 所示 [28]: 从宏观共性中发现存在的普遍模式知识, 从微观和个性中发现最独有的模式知识. 图中有两个坐标, 一个是属性, 一个是对象. 属性坐标靠近原点是宏观, 远离原点是微观. 对象坐标靠近原点是共性, 远离原点是个性. 这种构图的方式是将最普遍存在的事物积聚在原点附近, 而将个性化的事物远离原点, 从而实现 "类内紧, 类间松" 的模式型知识发现分类的基本要求.

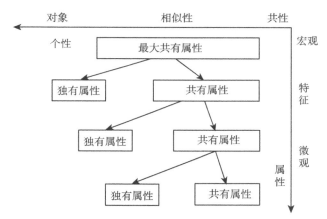

图 1-10 基于属性偏序的知识发现方法哲学原理示意图

从图 1-10 中可以发现, "最大共有属性" "共有属性" 和 "独有属性" 及其间关系是建立属性偏序结构图的三种基本元素和基本关系类型. 最大共有属性表现了事物之间的最大共同拥有的属性, 具有普遍性意义. 从普遍的共有属性中, 发现事物的特异性, 是我们认知和区分事物的哲学原理.

3. 粒关联规则

粒度关联规则计算首先由 Min F, Hu Q, Zhu W 三人提出 [29,30]. 在国内, 邱桃荣较早关注粒度计算在关联规则中的应用 [31]. 袁彩虹结合粒计算与完全图设计了新的关联规则发现算法 [32]. 针对支持度小, 复杂度高的数据集, 张月琴等人设计了一种基于粒计算的关联规则挖掘算法 [33]. 孙平安等则通过采用多层次二进制编码表示, 实现了多层次粒度关联规则挖掘 [34].

从广义角度讲, 粒关联规则是社团聚类算法的一种. 本书从属性拓扑的复杂网络特性出发, 首先定义拓扑的分裂.

定义 1-26(属性拓扑的分裂) 为发现属性拓扑中属性间的粒度层次关系, 采取一定的方式分裂拓扑的过程称为属性拓扑的分裂.

在拓扑分裂基础上, 定义在属性拓扑意义下的粒关联规则定义.

定义 1-27 在分裂过程中, 对 $\forall m \in c_i$, $x \in m - c_i$; 若 $Edge(m, x) \equiv \varnothing$, $Edge(x, m) \equiv \varnothing$, 且 $\exists m_i, m_j \in c_i$, 使 $Edge(m_i, m_j) \neq \varnothing$ 或 $Edge(m_j, m_i) \neq \varnothing$, 则 c_i 为一个粒. 设 $X \in c_i$, $Y \in c_j (i \neq j)$ 则关联 $X \rightarrow Y$ 称为粒间关联规则. 设 $X \in c_i, Y \in c_i$, 则关联 $X \rightarrow Y$ 称为粒内关联规则.

1.4 本 章 小 结

本章主要介绍本书需要用到的相关基础知识: 形式概念分析是属性拓扑提出的基础, 也是目前属性拓扑的主要应用领域; 图论是属性拓扑的数据结构基础, 需要编程的读者可以借助图论的基础代码完成属性拓扑的各种算法; 关联关系是属性拓扑的在数据挖掘领域的一个尝试, 目的是要利用属性拓扑架起形式概念分析与数据挖掘的桥梁.

参 考 文 献

[1] 马垣. 形式概念及其新进展 [M]. 北京: 科学出版社, 2010:254–257.

[2] Ganter B, Wille R. Formal Concept Analysis: Mathematical Foundations[M]. Berlin: Springer, 1998.

[3] 秦昆. 基于形式概念分析的图像数据挖掘研究 [D]. 武汉: 武汉大学, 2004:34–35.

[4] 陈慧楠. 数据结构——使用 C++ 语言描述 [M]. 2 版. 北京: 人民邮电出版社, 2011:154–164.

[5] Agrawal R, Strikant R. Fast algorithm for mining association rules[C]//Proc of the 20th Int. Conf. on Very Large Data Bases, 1994:487–499.

[6] 金菁. 基于 MapReduce 模型的排序算法优化研究 [J]. 计算机科学, 2014, 41(12):155–159.

[7] 林长方, 吴扬扬, 黄仲开, 等. 基于 MapReduce 的 Apriori 算法并行化 [J]. 江南大学学报: 自然科学版, 2014, 13(4):411–415.

[8] 谢志明, 王鹏. 一种基于 MapReduce 架构的并行矩阵 Apriori 算法 [J/OL]. 计算机应用研究, 2017, (2). http://www. cnki. net/kcms/detail/51.1196. TP. 20160509.1433.126. html.

[9] Qiu H J, Gu R, Yuan C F, et al. A parallel frequent itemset mining algorithm with Spark[C]//Proc of Parallel and Distributed Processing Symposiumm, 2014: 1664–1671.

[10] Rathee S, Kaul M, Kashyap A. R-Apriori: an efficient apriori based algorithm on Spark[C]//Proc of the 8th Workshop on Information and Knowledge Management, 2015:27–34.

[11] 闫梦洁, 罗军, 刘建英, 等. IABS: 一个基于 Spark 的 Apriori 改进算法 [J/OL]. 计算机应用研究, 2017(08). http://www.cnki.net/kcms/detail/51.1196. TP. 20160815.1635.046.

html.

[12] Han J W, Pei J, Yin Y W, et al. Mining frequent patterns without candidate generation: A Frequent-Pattern Tree [J]. Data Mining and Knowledge Discovery, 2014(8): 53–57.

[13] 颜跃进, 李舟军, 陈火旺. 基于 FP-Tree 有效挖掘最大频繁项集[J]. 软件学报, 2015, 16(2): 215–222.

[14] 程广, 王晓峰. 基于 MapReduce 的并行关联规则增量更新算法[J]. 计算机工程, 2016, 42(2): 21–25, 32.

[15] 马可, 李玲娟, 孙杜靖. 分布式并行化数据流频繁模式挖掘算法[J]. 计算机技术与发展, 2016, 26(7):75–79.

[16] 马月坤, 刘鹏飞, 张振友, 等. 改进的 FP-Growth 算法及其分布式并行实现[J]. 哈尔滨理工大学学报, 2016, 21(2):20–27.

[17] 刘祥哲, 刘培玉, 任敏, 等. 基于负载均衡和冗余剪枝的并行 FP-Growth 算法[J]. 数据采集与处理, 2016, 31(1):223–230.

[18] 朱文飞, 齐建东, 洪剑珂. Hadoop 下负载均衡的频繁项集挖掘算法研究[J]. 计算机应用与软件, 2016, 33(5):35–39.

[19] Karim M R, Halder S, et al. Efficient mining frequently correlated, associated-correlated and independent patterns synchronously by removing null transactions[J]. Human Centric Technology and Service in Smart Space LNEE, 2012, 182:93–103.

[20] Inokuchi A, Washio T, Motoda H. An Apriori-based algorithm for mining frequent substructures from graph data[C]//Proc of the European Symposium on the Principle of Data Ming and Knowledge Discovery, 2000:13–23.

[21] Kuramochi M, Karypis G. Frequent sub-graph discovery[C]//Proc of the 1st IEEE International Conference on Data Mining, 2011:313–320.

[22] Yan X F, Han J W. Gspan: graph-based substructure pattern mining[C]//Proc of the 2nd IEEE International Conference on Data Mining, 2002:721–724.

[23] Han J, Wang W, Prins J. Efficient mining of frequent subgraphs in the presence of isomorphism[C]//Proc of the IEEE Int's Conf. on Data Mining(ICDM 2003), 2003.

[24] Yan X F, Han J W. Closegraph: Mining Closed Frequent Graph Patterns[C]//KDD-2003.Washington, 2003:524–531.

[25] Agrawal R, Strikant R. Mining sequential patterns[C]//Proc of the 11th International Conference on Data Engineering, 1995:3–14.

[26] Strikant R, Agrawal R. Mining sequential patterns: Generalizations and performance improvements[C]//Proc of the 5th International Conference on Extending Data Base Technology, 1996:3–17.

[27] 刘端阳, 冯建, 李晓粉. 一种基于逻辑的频繁序列模式挖掘算法[J]. 计算机科学, 2015, 42(5): 260–264.

[28] 栾景民. 基于属性偏序结构数学原理的中医数量化辨证诊断辅助系统研究[D]. 秦皇岛: 燕山大学, 2014: 29–30.

[29] Min F, Hu Q, Zhu W. Granular association rules with four subtypes[C]//Granular Computing, 2012 IEEE International Conference. IEEE, 2012:353–358.

[30] Min F, Hu Q, Zhu W. Granular association rules on two universes with four measures[J]. airXiv, 2013.

[31] 邱桃荣, 陈晓清, 刘清, 等. 粒计算在关联规则挖掘中的应用[J]. 计算机科学, 2006, 33(11): 120–123.

[32] 袁彩虹. 基于粒计算与完全图的关联规则算法研究[D]. 郑州: 河南大学, 2009.

[33] 张月琴, 晏清微. 基于粒计算的关联规则挖掘算法[J]. 计算机工程, 2009, 35(20):86–90.

[34] 孙平安. 基于粒计算的多层次关联规则挖掘技术研究[J]. 吉林师范大学学报, 2012, 3:77–81.

第 2 章　属性拓扑的基本理论

在第 1 章中, 我们已经知道形式概念分析的研究对象是形式背景, 形式背景中包含有对象、属性以及对象与属性之间的关系. 本章中, 将从形式背景出发, 探索形式背景的直观表示方法——属性拓扑; 本章还将讨论属性拓扑的属性分类问题, 不同的类别具有不同的性质, 介绍了属性拓扑的几种基础运算规则, 最后描述了一种对连续形式背景离散化的方法.

2.1　形式背景预处理

形式背景中可能会存在许多冗余信息, 为了更加清晰简洁地进行表达和相关运算, 需要对形式背景进行简化和处理, 去除冗余信息, 便于后续的分析和属性拓扑的生成.

在形式背景 $K = (G, M, I)$ 中, 如果 $\exists A \subseteq G$, 满足对 $\forall u \subseteq A, f(u) = f(A)$, 则集合 A 内任意对象之间互为等价对象. 相对地, 如果 $\exists B \subseteq M$, 满足对 $\forall m \subseteq B, g(m) = g(B)$, 则集合 B 内任意属性之间互为等价属性.

在形式背景 $K = (G, M, I)$ 中, 若满足 $f(u) = f(h)$ 的任意两个对象 $u, h \in G$ 均有 $u = h$, 同时任意满足 $g(m) = g(n)$ 的属性 $m, n \in M$, 都有 $m = n$, 则 $K = (G, M, I)$ 为净化背景 [1,2]. 即在净化背景当中, 不存在等价对象和等价属性.

在预处理过程中, 首先将背景简化为净化背景. 等价对象之间具有相同的属性信息, 等价属性之间具有相同的对象信息, 将互为等价对象的各个对象组合成一个对象, 相应地, 将互为等价属性的各个属性组合为一个属性, 不会影响概念的生成和概念格的结构.

在形式背景 $K = (G, M, I)$ 中, 若 $\exists u \in G$, 满足 $f(u) = \varnothing$, 则称对象 u 为空对象, 即空对象不具有任何属性, 对应地, 空属性指不具有任何对象的属性. 空对象和空属性不包含计算所需的有用的信息, 并且与其他属性或对象均不存在关联, 即是独立于其他属性和对象的存在.

如果 $\exists u \in G$, 满足 $f(u) = M$, 则该对象称为全局对象, 即全局对象具有所有的属性, 对应地, 如果所有的对象都具有某一属性 $m \in M$, 则属性 m 为全局属性. 全局对象 (或属性) 包含了形式背景中存在的所有的属性 (或对象) 信息, 所有其他对象 (或属性) 均作为其子集存在, 即全局对象 (或属性) 和其他对象 (或属性) 相比, 不具有用于区分的属性 (或对象) 信息, 即是可约简的. 从概念格构造的角度来看,以全局对象为外延的概念和以全局属性为内涵的概念只可能存在于概念格的顶层和底层, 而不会对其他的概念顶点及其格结构产生影响.

在净化背景的基础上去除空属性、空对象、全局属性和全局对象, 即完成了形式背景的预处理过程. 整个预处理过程去除了冗余信息, 保留了分析计算所需的全部有效信息, 对概念的生成和计算、概念格的构造没有影响, 便于属性拓扑的生成.

对于表 1-1 所示的形式背景, 其中属性 a 为全局属性, 对该背景进行预处理: 删除属性 a. 经过预处理后的形式背景如表 2-1 所示, 即包含了具有区分特性的所有属性和对象. 若没有特殊说明, 本书中提到的所有的形式背景均为预处理后的形式背景.

表 2-1   表 1-1 经预处理后的形式背景

	b	c	d	e	f	g	h	i
1	×					×		
2	×					×	×	
3	×	×				×	×	
4		×				×	×	×
5	×		×		×			
6	×	×	×		×			
7		×	×	×				
8		×	×		×			

2.2   属性拓扑的定义

在形式背景中属性对间的所有关系可以分为三种: 包含关系、相容关系和互斥关系. 属性对的这三种关系使用数学语言定义如下.

定义 2-1   已知 $K = (G, M, I)$ 为一个形式背景, 属性 $m_i, m_j \in M$.

(1) $g(m_i) \bigcap g(m_j) = \varnothing$, 则称属性 m_i 与属性 m_j 构成互斥关系.

(2) 当条件 (1) 不成立时:

a) 若 $g(m_i) \subseteq g(m_j)$, 即 $g(m_i) \bigcap g(m_j) = g(m_i)$, 称属性 m_i 包含于属性 m_j, 或称为属性 m_j 包含属性 m_i;

b) 若 $g(m_j) \subseteq g(m_i)$, 即 $g(m_i) \bigcap g(m_j) = g(m_j)$, 称属性 m_j 包含于属性 m_i, 或称为属性 m_i 包含属性 m_j;

a)、b) 统称为属性 m_i 与属性 m_j 构成包含关系.

(3) 当条件 (1) 和 (2) 不成立时, 称属性 m_i 与属性 m_j 构成相容关系.

根据上面的定义可以看出, 属性对的三种关系都可以通过计算属性对所属对象集的交进行判别, 并且这三种关系可以涵盖所有属性对的关系.

例 2-1 表 2-2 给出了一个简单的形式背景, 求这些属性可以构成多少个属性对, 并分别判断这些属性对间的关系.

表 2-2 形式背景示例

	a	b	c
1	×		×
2	×	×	
3		×	

解 按照组合数学中的组合问题求解, 可知 3 个属性可以构成的属性对的个数为

$$\mathrm{C}_3^2 = 3$$

首先计算属性 a 与属性 b 的关系:

$$g(a)\bigcap g(b) = \{1,2\}\bigcap\{2,3\} = \{2\}$$

因为 $g(a)\bigcap g(b) \neq g(a)$, $g(a)\bigcap g(b) \neq g(b)$ 且 $g(a)\bigcap g(b) \neq \varnothing$, 则属性 a 与属性 b 构成相容关系.

然后计算属性 a 与属性 c 的关系:

$$g(a)\bigcap g(c) = \{1,2\}\bigcap\{1\} = \{1\}$$

因为 $g(a)\bigcap g(c) = g(c) \neq \varnothing$, 则属性 a 与属性 c 构成包含关系.

最后计算属性 b 与属性 c 的关系:

$$g(b)\bigcap g(c) = \{2,3\}\bigcap\{1\} = \varnothing$$

则属性 b 与属性 c 构成互斥关系.

通过定义和示例不难求出各个属性对的关系, 但在传统的形式背景表示法中, 并不能直观地体现属性对的关系, 为了更好地表示形式背景中属性间的各种关系和关联, 现在给出属性拓扑的定义.

定义 2-2 属性拓扑 (attibute topology, AT) 是以形式背景中的属性为核心, 对于一个形式背景 $K = (G, M, I)$, $M = \{m_1, m_2, \cdots, m_n\}$, 属性拓扑的邻接矩阵表示法定义为 AT=($V$, Edge), 其中:

(1) V 为顶点集合, 通常情况下, 取属性集合 M 为顶点集合 V;

(2) Edge 为 n 阶矩阵, 矩阵中的每个元素代表从属性 m_i 指向属性 m_j 边上的权值

$$\mathrm{Edge}(m_i, m_j) = \begin{cases} \varnothing, & g(m_i)\bigcap g(m_j) = g(m_i) \neq g(m_j) \\ g(m_i)\bigcap g(m_j), & \text{其他} \end{cases} \tag{2-1}$$

由于属性对的无序性, 若 $i = j$ 则属性 m_i 和属性 m_j 无法组成属性对, 此时规定

$$\text{Edge}(m_i, m_i) = g(m_i) \tag{2-2}$$

以属性对所属对象间的包含关系、相容关系和互斥关系为基础, 生成的一种广义图结构.

我们先来直观地认识一下属性拓扑, 以表 2-2 所示形式背景为例, 可得其属性拓扑如图 2-1 所示. 图中的圆圈表示顶点, 分别代表 a, b 和 c 三个属性, 三个属性之间的连线是带有方向和权值的边.

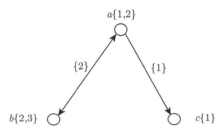

图 2-1　属性拓扑示例, 对应的形式背景如表 2-2 所示

从图论的角度看, 属性拓扑是关于属性间关系的加权图表示. 属性拓扑有多种表示方法, 如邻接矩阵表示法、关联矩阵表示法以及邻接表表示法等, 本书中仅介绍较易理解的邻接矩阵表示法和关联矩阵表示法.

接下来结合属性拓扑的邻接矩阵表示法, 具体分析属性拓扑是如何表示属性间的三种关系的.

(1) 假设属性 m_i 与属性 m_j 构成互斥关系, 即 $g(m_i) \bigcap g(m_j) = \varnothing$. 此时 $\text{Edge}(m_i, m_j) = \text{Edge}(m_j, m_i) = \varnothing$, 即属性 m_i 与属性 m_j 之间不存在边.

(2) 假设属性 m_i 与属性 m_j 构成包含关系,

a) 若属性 m_i 与属性 m_j 相互包含, 即 $g(m_i) \bigcap g(m_j) = g(m_i)$ 且 $g(m_i) \bigcap g(m_j) = g(m_j)$, 则 $\text{Edge}(m_i, m_j) = \text{Edge}(m_j, m_i) = g(m_i) \bigcap g(m_j)$, 即属性 m_i 与属性 m_j 之间为双向边.

b) 设属性 m_j 包含属性 m_i, 即 $g(m_i) \bigcap g(m_j) = g(m_i) \neq g(m_j)$. 此时 $\text{Edge}(m_i, m_j) = \varnothing$, $\text{Edge}(m_j, m_i) = g(m_i) \bigcap g(m_j)$, 即属性 m_i 与属性 m_j 之间为从属性 m_j 指向属性 m_i 的单向边.

c) 同理, 若属性 m_i 包含属性 m_j, 即属性 m_i 与属性 m_j 之间为从属性 m_i 指向属性 m_j 的单向边.

(3) 假设属性 m_i 与属性 m_j 构成相容关系, 则

$\text{Edge}(m_i, m_j) = \text{Edge}(m_j, m_i) = g(m_i) \bigcap g(m_j)$, 即属性 m_i 与属性 m_j 之间为

双向边

因此, 在属性拓扑中不同属性 (顶点) 之间的连线表示了属性对的不同关系, 并以权值的形式给出了属性间的耦合信息.

在图 2-1 中, 属性 a,b 满足相容关系; 属性 c 为属性 a 的伴生属性, 包含于属性 a 中; 属性 b,c 满足互斥关系. 由属性拓扑的定义可知, 属性拓扑理论强调属性的不可划分性. 因此在表示过程中, 每个属性作为数据表示的基本单位分析属性间的关系, 属性之间相容、互斥、包含关系重要性相同, 并列存在.

从集合角度看, 设 $a,b \in M$, $a' = g(a)$, $b' = g(b)$, 则其在属性拓扑中其二元关系可以理解为

$$aI_{\mathrm{T}}b = a' \bigcup (a' \bigcap b') \bigcup b' \tag{2-3}$$

属性 a,b 对应的对象全集可以分为地位相同, 相互并列的三个部分, 即 a',b', $a' \bigcap b'$, 三者重要性相同, 不存在覆盖与包含关系. 如图 2-2 所示, 属性 a,b 作为分析的基本单位, 不可拆分, $a' \bigcap b'$ 表示属性 a,b 间的耦合关系, 对应属性 a,b 的共有对象. 这是其与属性偏序的本质区别.

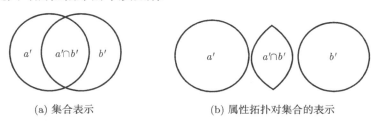

(a) 集合表示　　　　　　　　(b) 属性拓扑对集合的表示

图 2-2　属性拓扑二元关系

属性拓扑的关联矩阵表示法定义为 AT$=(V, \mathrm{Ind})$, 这种表示方法只描述属性对之间的关系, 其中

$$\mathrm{Ind}(m_i, m_j) = \begin{cases} -1, & g(m_i) \bigcap g(m_j) = g(m_i) \\ 0, & g(m_i) \bigcap g(m_j) = \varnothing \\ 1, & \text{其他} \end{cases} \tag{2-4}$$

至此, 对于一个已知的形式背景, 结合其邻接矩阵和关联矩阵可以简单方便地得到其属性拓扑图. 将所有属性作为属性拓扑的顶点, 按照关联矩阵依次画出各属性间的边及指向, 再按照邻接矩阵的值标注属性间边的权值. 同时, 属性拓扑为带有自环的加权图表示, 任意属性 m 的自环即为 $g(m)$. 为了表示的简洁性, 作图时暂不考虑自环情况.

例 2-2　对于表 2-1 中给出的形式背景,

$$V = \{b, c, d, e, f, g, h, i\} \tag{2-5}$$

对应的邻接矩阵和关联矩阵如下:

$\mathrm{Edge}(m_i, m_j)$

$$= \begin{bmatrix} \{1,2,3,5,6\} & \{3,6\} & \{5,6\} & \varnothing & \{5,6\} & \{1,2,3\} & \{2,3\} & \varnothing \\ \{3,6\} & \{3,4,6,7,8\} & \{6,7,8\} & \{7\} & \{6,8\} & \{3,4\} & \{3,4\} & \{4\} \\ \{5,6\} & \{6,7,8\} & \{5,6,7,8\} & \{7\} & \{5,6,8\} & \varnothing & \varnothing & \varnothing \\ \varnothing & \varnothing & \varnothing & \{7\} & \varnothing & \varnothing & \varnothing & \varnothing \\ \{5,6\} & \{6,8\} & \varnothing & \varnothing & \{5,6,8\} & \varnothing & \varnothing & \varnothing \\ \{1,2,3\} & \{3,4\} & \varnothing & \varnothing & \varnothing & \{1,2,3,4\} & \{2,3,4\} & \{4\} \\ \{2,3\} & \{3,4\} & \varnothing & \varnothing & \varnothing & \varnothing & \{2,3,4\} & \{4\} \\ \varnothing & \varnothing & \varnothing & \varnothing & \varnothing & \varnothing & \varnothing & \{4\} \end{bmatrix}$$

$$\tag{2-6}$$

$$\mathrm{Ind}(m_i, m_j) = \begin{bmatrix} 1 & 1 & 1 & 0 & 1 & 1 & 1 & 0 \\ 1 & 1 & 1 & 1 & 1 & 1 & 1 & 1 \\ 1 & 1 & 1 & 1 & 1 & 0 & 0 & 0 \\ 0 & -1 & -1 & 1 & 0 & 0 & 0 & 0 \\ 1 & 1 & -1 & 0 & 1 & 0 & 0 & 0 \\ 1 & 1 & 0 & 0 & 0 & 1 & 1 & 1 \\ 1 & 1 & 0 & 0 & 0 & -1 & 1 & 1 \\ 0 & -1 & 0 & 0 & 0 & -1 & -1 & 1 \end{bmatrix} \tag{2-7}$$

根据 (2-6) 及 (2-7) 两式, 容易画出属性拓扑如图 2-3 所示. 从图中可以通过边的方向清晰地看出属性对之间的关系, 以及耦合强度等信息.

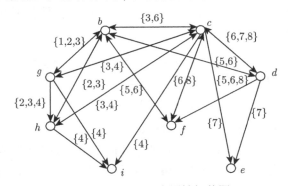

图 2-3 表 2-1 对应属性拓扑图

性质 2-1   属性拓扑与形式背景是一一对应的.

证明   显然, 邻接矩阵与属性拓扑是一一对应的, 因此只需证明形式背景与邻接矩阵的唯一对应性.

由于式 (2-1) 包含了所有属性对的关系, 因此由一个形式背景一定可以得到唯一确定的邻接矩阵 Edge; 反之, 由属性邻接矩阵求形式背景, 由于其保存了属性的自环信息, 只需将邻接矩阵的主对角线元素 $\text{Edge}(m_i, m_i) = g(m_i)$ 列出, 即可恢复原形式背景. □

属性拓扑定义, 显然有以下性质:

性质 2-2 $\forall m_i, m_j, m_k \in V$, AT$= (V, \text{Edge})$ 具有下列性质:

(1) $\text{Edge}(m_i, m_j)$ 反映了属性对的耦合关系;

(2) $\#\text{Edge}(m_i, m_j)$ 反映了属性对的耦合程度, 其中 $\#$ 表示集合中元素个数;

(3) $\text{Edge}(m_i, m_j) \subseteq \text{Edge}(m_i, m_i)$;

(4) $\text{Edge}(m_i, m_j) \bigcap \text{Edge}(m_j, m_k) \subseteq \text{Edge}(m_i, m_k)$.

2.3　属性拓扑的属性分类

根据属性对的耦合关系, 我们可以将属性拓扑中的属性分为不同的类别, 不同类别的属性具有不同的性质. 由于属性拓扑可以直观地表示属性间的耦合关系, 在属性拓扑中可以容易地区分这些不同的属性类别.

2.3.1　顶层属性和伴生属性

定义 2-3　在属性拓扑 AT$=(V, \text{Edge})$ 中, $m_i, m_j \in V$, 若 $\forall \text{Edge}(m_i, m_j) \neq \varnothing$, 都有 $\text{Edge}(m_j, m_i) \neq \varnothing$, 则属性 m_j 称为顶层属性 (superordinate attribute, SPA), 否则 m_j 称为伴生属性 (subordinate attribute, SBA). 并将属性拓扑中所有的顶层属性组成的集合记为 SupAttr, 所有的伴生属性组成的集合记为 SubAttr. $\text{Chr}(m_i)$ 表示 m_i 的伴生属性. 根据属性拓扑定义、顶层属性定义和伴生属性定义可知以下性质.

性质 2-3　在属性拓扑中, 与顶层属性相连的边只有从顶层属性指出的单向边和双向边, 不存在指入顶层属性的单向边. 但是与伴生属性相连的边可以有任意方向的单向边和双向边.

定理 2-1　顶层属性必为一个形式概念的内涵.

证明　设属性 $m \in \text{SupAttr}$, 则 $\forall A \subseteq M - m$ 且 $A \neq \varnothing$, 有

$$g(m) \not\subset g(A) \tag{2-8}$$

由形式概念的定义可知, 要证顶点属性 m 为一个形式概念的内涵, 只需证明 $f(g(m)) = m$. 由形式背景关系可知, $m \subseteq f(g(m))$.

若 $m \subset f(g(m))$ 成立, 则必有 $f(g(m)) = m \bigcup N$, 其中 $N \subseteq M - m$ 且 $N \neq \varnothing$, 进而得到

$$g(f(g(m))) = g(m \bigcup N) = g(m) \bigcap g(N) \tag{2-9}$$

又

$$g(f(g(m))) = g(m) \tag{2-10}$$

联立式 (2-9)、(2-10) 得

$$g(m) = g(m) \bigcap g(N) \tag{2-11}$$

结合式 (2-8)、(2-11), $g(m) \bigcap g(n) \not\subset g(N)$, 显然结果错误, $m \not\subset f(g(m))$.

则 $f(g(m)) = m$, 即顶点属性 m 为一个形式概念的内涵. $\qquad\qquad\square$

由上述定理可得定理 2-2.

定理 2-2　伴生属性不能单独作为一个形式概念的内涵, 即如果一个概念的内涵不为空, 那么这个内涵中至少包含一个顶层属性.

2.3.2　父属性和子属性

定义 2-4　在属性拓扑 AT=$(V,\ \text{Edge})$ 中, 属性 $m_i \in V$ 的所有父属性定义为

$$\text{Parent}(m_i) = \{m_k \in V | \text{Edge}(m_k, m_i) \neq \varnothing, \text{Edge}(m_i, m_k) = \varnothing\} \tag{2-12}$$

属性 $m_i \in V$ 的所有子属性定义为

$$\text{Child}(m_i) = \{m_k \in V | \text{Edge}(m_k, m_i) = \varnothing, \text{Edge}(m_i, m_k) \neq \varnothing\} \tag{2-13}$$

若 $\exists m_j \in \text{Parent}(m_i)$, 则将属性 m_j 称为属性 m_i 的一个父属性, 同样地, 若 $\exists m_j \in \text{Child}(m_i)$, 则将属性 m_j 称为属性 m_i 的一个子属性.

性质 2-4　(A, B) 是一个概念, 若 $m_i \in B$, 则 $\text{Parent}(m_i) \subset B$.

证明　使用反证法, 假设 $\exists m_j \in \text{Parent}(m_i)$, 满足 $m_j \notin B$. 由于 $m_i \in B \subseteq M$, $(A, B) \in \mathfrak{B}(K)$ 等价于 $(A, B \bigcup m_j) \in \mathfrak{B}(K)$. 由于 $m_j \in \text{Parent}(m_i), g(m_i) \subset g(m_j)$.

$$A = g(B \bigcup m_i) = g(B) \bigcap g(m_i) = g(B) \bigcap g(m_i) \bigcap g(m_j) = g(B \bigcup m_i \bigcup m_j)$$

因此

$$(A, B \bigcup m_i) = (A, B) \notin \mathfrak{B}(K),$$

所以, $m_j \notin B$ 不成立, 即 $m_j \in \text{Parent}(m_i)$ 都满足 $m_j \in B$, 即 $\text{Parent}(m_i) \subset B$. $\square$

2.3.3　全局属性、空属性与对等属性

定义 2-5　在属性拓扑 AT $= (V,\ \text{Edge})$ 中, $V = \{m_1, m_2, \cdots, m_n\}$, 若满足 $\text{Edge}(m_i, :) = \wedge$, 即邻接矩阵中的第 i 行元素与对角线元素对应相等, 则称属

性 m_i 为全局属性; 若满足 $\mathrm{Edge}(m_i, m_i) = \varnothing$, 则称属性 m_i 为空属性; 若满足 $\mathrm{Edge}(m_i, m_i) = \mathrm{Edge}(m_j, m_j)$, 则称属性 m_i 与属性 m_j 为形式背景中的对等属性.

性质 2-5 若 $\exists P_i^m, P_j^m \in P^m, i \neq j$, 则 $P_i^m \bigcap P_j^m = \varnothing$.

证明 对于 $\forall m_i \in P_i^m, g(m) \bigcap g(m_i) = O_i^m$.

同样地, 对于 $\forall m_j \in P_j^m, g(m) \bigcap g(m_j) = O_j^m$.

所以, 对于 $\forall m_i \in P_i^m, g(m) \bigcap g(m_i) = O_i^m \neq O_j^m$, 即 $m_i \notin P_j^m$.

同样地, 对于 $\forall m_j \in P_j^m, m_j \notin P_i^m$.

所以, $P_i^m \bigcap P_j^m = \varnothing$. □

定理 2-3 在属性拓扑 AT$=(V, \mathrm{Edge})$ 中, 若 $\#P^m \neq 0$, 当满足以下任一条件时, M_T 必为完全多边形.

(1) $M_T = \{m_i | m_i \in m \bigcup \mathrm{Parent}(m)\}$;

(2) $\forall P_i^m \in P^m, M_T = \{m_i | m_i \in m \bigcup P_i^m\}$;

(3) $\forall P_i^m \in P^m, M_T = \{m_i | m_i \in m \bigcup P_i^m \bigcup \mathrm{Parent}(m)\}$.

2.4 属性拓扑的基础运算

本节将在前两节的基础上介绍几种属性拓扑的基础运算法则, 需要注意的是, 由于属性拓扑具有多种表示方法, 而邻接矩阵表示法是最容易理解的, 因此在介绍运算法则时, 将使用属性拓扑的邻接矩阵表示法配合属性拓扑图示进行, 这并不代表属性拓扑的运算只限于邻接矩阵表示方法.

2.4.1 增加属性

表 2-2 给出了一个形式背景, 其对应的属性拓扑如图 2-1 所示. 现在加入一个新的属性 d, 对象 1 和对象 3 都具有新的属性 d, 则增加属性 d 后的形式背景如表 2-3 所示.

表 2-3 增加属性 d 后的形式背景

	a	b	c	d
1	×		×	×
2	×	×		
3		×		×

表 2-3 所示的形式背景对应的属性拓扑为 $\mathrm{AT}_+ = (V_+, \mathrm{Edge}_+)$, 其中:

$$V_+ = \{a, b, c, d\} \tag{2-14}$$

$$\text{Edge}_+ = \begin{bmatrix} \{1,2\} & \{2\} & \{1\} & \{1\} \\ \{2\} & \{2,3\} & \varnothing & \{3\} \\ \varnothing & \varnothing & \{1\} & \varnothing \\ \{1\} & \{3\} & \{1\} & \{1,3\} \end{bmatrix} \tag{2-15}$$

由于属性拓扑和形式背景是一一对应的, 对比式 (2-5) 与式 (2-14), 式 (2-6) 与式 (2-15) 可以发现, 顶点集合中增加一个元素, 邻接矩阵由 3 行 3 列增加到 4 行 4 列, 并且去掉对应行和列之后的余子式与原有邻接矩阵相同. 也就是说增加一个属性即在属性拓扑中增加一个顶点, 而属性拓扑可以描述属性对的关系, 增加这个顶点并不对之前顶点构成的拓扑结构造成影响, 而只是加入了新增属性与原有属性之间的权值信息.

定义 2-6　已知一个属性拓扑 $\text{AT} = (V, \text{Edge})$, $V = \{m_1, m_2, \cdots, m_n\}$, 要增加的属性为 m_{n+1}, 其对应的对象集为 $g(m_{n+1})$, 设增加属性后的属性拓扑为 $\text{AT}_+ = (V_+, \text{Edge}_+)$, 则这个运算记作:

$$\text{AT} = (V, \text{Edge}) \xrightarrow{+m_{n+1}} \text{AT}_+ = (V_+, \text{Edge}_+)$$

$$= \left(\{V, m_{n+1}\}, \begin{bmatrix} & & & \text{Edge}(m_1, m_{n+1}) \\ & \text{Edge} & & \text{Edge}(m_2, m_{n+1}) \\ & & & \vdots \\ \text{Edge}(m_{n+1}, m_1) & \text{Edge}(m_{n+1}, m_2) & \cdots & g(m_{n+1}) \end{bmatrix} \right) \tag{2-16}$$

性质 2-6　在属性拓扑中, 增加多个属性可以拆解为多次增加属性运算.

性质 2-7　任意一个属性拓扑都可以由 $\text{AT}_0 = \{\varnothing, \varnothing\}$ 经过有限次增加属性运算得到.

例 2-3　利用属性拓扑的增加属性运算验证上述性质, 得出表 2-2 所示的形式背景的属性拓扑.

$$\text{AT}_0 = \{\varnothing, \varnothing\}$$

$$\xrightarrow{+a} (V_1, \text{Edge}_1) = (\{a\}, [g(a)]) = (\{a\}, [\{1,2\}])$$

$$\xrightarrow{+b} (V_2, \text{Edge}_2) = \left(\{V_1, b\}, \begin{bmatrix} \text{Edge}_1 & \text{Edge}(a, b) \\ \text{Edge}(b, a) & g(b) \end{bmatrix} \right)$$

$$= \left(\{a, b\}, \begin{bmatrix} \{1,2\} & \{2\} \\ \{2\} & \{2,3\} \end{bmatrix} \right)$$

$$\xrightarrow{+c} (V_3, \text{Edge}_3) = \left(\{V_2, c\}, \begin{bmatrix} & \text{Edge}_2 & \text{Edge}(a,c) \\ & & \text{Edge}(b,c) \\ \text{Edge}(c,a) & \text{Edge}(c,b) & g(c) \end{bmatrix} \right)$$

$$= \left(\{a,b,c\}, \begin{bmatrix} \{1,2\} & \{2\} & \{1\} \\ \{2\} & \{2,3\} & \varnothing \\ \varnothing & \varnothing & \{1\} \end{bmatrix} \right)$$

2.4.2 删除属性

仿照上面的分析方法, 删除一个属性, 属性拓扑中要删除这个顶点, 同时所有与该属性组成的属性对将不复存在, 但这个属性的删除不会影响到其他属性对的关系, 因此只需要去掉邻接矩阵中对应的行和列.

定义 2-7 已知一个属性拓扑 $\text{AT} = (V, \text{Edge})$, $V = \{m_1, \cdots, m_i, \cdots, m_n\}$, 要删除的属性为 m_i, 其对应的对象集为 $g(m_i)$, 设删除属性后的属性拓扑为 $\text{AT}_- = (V_-, \text{Edge}_-)$, 则这个运算记作:

$$\text{AT} = (V, \text{Edge}) \xrightarrow{-m_i} \text{AT}_- = (V_-, \text{Edge}_-) \tag{2-17}$$

$$V_- = \{m_1, \cdots, m_{i-1}, m_{i+1}, \cdots, m_n\} \tag{2-18}$$

Edge_-

$$= \begin{bmatrix} g(m_1) & \cdots & \text{Edge}(m_1, m_{i-1}) & \text{Edge}(m_1, m_{i+1}) & \cdots & \text{Edge}(m_1, m_n) \\ \vdots & & \vdots & \vdots & \vdots & \vdots \\ \text{Edge}(m_{i-1}, m_1) & \cdots & g(m_{i-1}) & \text{Edge}(m_{i-1}, m_{i+1}) & \cdots & \text{Edge}(m_{i-1}, m_n) \\ \text{Edge}(m_{i+1}, m_1) & \cdots & \text{Edge}(m_{i+1}, m_{i-1}) & g(m_{i+1}) & \cdots & \text{Edge}(m_{i+1}, m_n) \\ \vdots & \vdots & \vdots & \vdots & & \vdots \\ \text{Edge}(m_n, m_1) & \cdots & \text{Edge}(m_n, m_{i-1}) & \text{Edge}(m_n, m_{i+1}) & \cdots & g(m_n) \end{bmatrix}$$

$$\tag{2-19}$$

性质 2-8 在属性拓扑的增加属性运算与删除属性运算互为逆运算.

性质 2-9 在属性拓扑中, 删除多个属性可以拆解为多次删除属性运算.

性质 2-10 一个属性拓扑可以由任一个属性拓扑经过有限次增加属性和删除属性运算得到.

性质 2-11 一个属性拓扑 AT 经过有限次删除属性运算后得到 AT_-, 则 AT_- 必为 AT 的一部分, 并称 AT_- 为 AT 的子属性拓扑或子图.

例 2-4 表 2-2 给出了一个形式背景, 在此基础上删除属性 c 所得的形式背景如表 2-4 所示, 请读者自行熟悉属性拓扑的删除属性运算, 并验证上述性质.

表 2-4　删除属性 c 后的形式背景

	a	b
1	×	
2	×	×
3		×

2.4.3　合并属性

表 2-2 给出了一个形式背景, 在此基础上将属性 a 与属性 c 合并, 属性 a 与属性 c 合并后对应的对象集为

$$g(a\bigcup c) = g(a)\bigcap g(c) = \{1,2\}\bigcap\{1\} = \{1\}$$

所得的形式背景如表 2-5 所示.

表 2-5　合并属性 a 与属性 c 后的形式背景

	ac	b
1	×	
2		×
3		×

因此仿照上面的分析方法, 合并属性可以分解为: 首先删除属性 a 和属性 c, 然后增加属性 ac.

定义 2-8　已知一个属性拓扑 $\mathrm{AT} = (V, \mathrm{Edge})$, $V = \{m_1, \cdots, m_i, \cdots, m_j, \cdots, m_n\}$, 要合并的属性为 m_i 与 m_j, 设合并属性后的属性拓扑为 $\mathrm{AT}_c = (V_c, \mathrm{Edge}_c)$, 则这个运算记作:

$$\mathrm{AT} = (V, \mathrm{Edge}) \xrightarrow{m_i\bigcup m_j} \mathrm{AT}_\bigcup = (V_\bigcup, \mathrm{Edge}_\bigcup) \tag{2-20}$$

合并属性运算规则中的 $m_i\bigcup m_j = -m_i - m_j + m_i m_j$, 即

$$\mathrm{AT} = (V, \mathrm{Edge}) \xrightarrow{-m_i - m_j + m_i m_j} \mathrm{AT}_\bigcup = (V_\bigcup, \mathrm{Edge}_\bigcup) \tag{2-21}$$

性质 2-12　若要合并的属性 m_i 与 m_j 构成包含关系, 则合并运算简化为两步:

(1) 删除父属性.

(2) 将 V 中的子属性直接替换成 $m_i m_j$.

性质 2-13　若要合并的属性 m_i 与 m_j 为对等属性, 则合并运算也可简化为两步:

(1) 删除其中一个属性.

(2) 将 V 中另一个属性直接替换成这两个属性的并.

性质 2-14 多个属性的合并可以拆解为多次两两属性的合并运算.

2.4.4 交换属性

属性拓扑和形式背景是一一对应的, 形式背景中的属性之间可以交换, 而不影响形式背景的表示.

如表 2-2 与表 2-6 表示的是同一个形式背景, 同样属性拓扑在进行交换属性运算前后是同一个属性拓扑.

表 2-6　交换属性后的形式背景

	c	b	a
1	×		×
2		×	×
3		×	

定义 2-9 已知一个属性拓扑 $AT = (V, \text{Edge})$, $V = \{m_1, \cdots, m_i, \cdots, m_j, \cdots, m_n\}$, 要交换的属性为 m_i 与 m_j, 设交换属性后的属性拓扑为 $AT_s = (V_s, \text{Edge}_s)$, 则这个运算记作:

$$AT = (V, \text{Edge}) \xrightarrow{m_i \leftrightarrow m_j} AT_s = (V_s, \text{Edge}_s) \tag{2-22}$$

$$V_s = \{m_1, \cdots, m_j, \cdots, m_i, \cdots, m_n\} \tag{2-23}$$

Edge_s

$$= \begin{bmatrix} g(m_1) & \cdots & \text{Edge}(m_1, m_j) & \cdots & \text{Edge}(m_1, m_i) & \cdots & \text{Edge}(m_1, m_n) \\ \vdots & & \vdots & \vdots & \vdots & \vdots & \vdots \\ \text{Edge}(m_j, m_1) & \cdots & g(m_j) & \cdots & \text{Edge}(m_j, m_i) & \cdots & \text{Edge}(m_j, m_n) \\ \vdots & \vdots & \vdots & & \vdots & \vdots & \vdots \\ \text{Edge}(m_i, m_1) & \cdots & \text{Edge}(m_i, m_j) & \cdots & g(m_i) & \cdots & \text{Edge}(m_i, m_n) \\ \vdots & \vdots & \vdots & \vdots & \vdots & & \vdots \\ \text{Edge}(m_n, m_1) & \cdots & \text{Edge}(m_n, m_j) & \cdots & \text{Edge}(m_n, m_i) & \cdots & g(m_n) \end{bmatrix} \tag{2-24}$$

2.4.5 子图合并

定义 2-10 已知一个属性拓扑 $AT = (V, \text{Edge})$ 以及两个子图 $AT_1 = (V_1, \text{Edge}_1)$, $AT_2 = (V_2, \text{Edge}_2)$, 设子图 AT_1 与子图 AT_1 合并后的属性拓扑记为 $AT_0 = (V_0, \text{Edge}_0)$, 则这个运算记作:

$$AT_0 = AT_1 \bigcup AT_2 \tag{2-25}$$

(1) 假设 AT_1' 与 AT_2' 中顶点集合元素与顺序保持一致, 则 $\mathrm{AT}_0 = (V_0, \mathrm{Edge}_0)$ 中:

$$V_0 = V_1 = V_2 \tag{2-26}$$

$$\mathrm{Edge}_0(m_i, m_j) = \mathrm{Edge}_1(m_i, m_j) \bigcup \mathrm{Edge}_2(m_i, m_j) \tag{2-27}$$

(2) 假设 AT_1' 与 AT_2' 中顶点集合元素一致, 但顺序不一致, 则首先使用交换属性运算, 将顶点集合元素顺序一致化, 则可以使用式 (2-26) 与式 (2-27) 计算.

(3) 假设 AT_1' 与 AT_2' 中顶点集合元素不一致, 则首先计算顶点集合

$$V_0 = V_1 \bigcup V_2 \tag{2-28}$$

然后增加属性, 并认为缺少的这些属性都为空属性, 并进行必要的属性交换

$$\mathrm{AT}_1 \xrightarrow{+(V_0 - V_1)} \mathrm{AT}_1' = (V_0, \mathrm{Edge}_1') \tag{2-29}$$

$$\mathrm{AT}_2 \xrightarrow{+(V_0 - V_2)} \mathrm{AT}_2' = (V_0, \mathrm{Edge}_2') \tag{2-30}$$

此时 AT_1' 与 AT_2' 为同型邻接矩阵, 并且顶点集合元素与顺序保持一致, 则可以使用式 (2-26) 与式 (2-27) 计算.

2.5   属性拓扑的转置: 对象拓扑

形式背景由对象、属性以及它们之间的关联组成. 如果将形式背景转置, 则由于对象、属性以及关联没有被破坏, 则不会造成信息丢失.

如表 2-2 中给出了一个形式背景, 共包含 1, 2, 3 三个对象, a, b, c 三个属性, 对象 1 具有属性 a, c, 具有属性 b 的有对象 2, 3. 表 2-7 将表 2-2 中的背景转置, 其中每一行表示一个属性, 每一列表示一个对象. 在表 2-7 中的形式背景中, 共包含 1, 2, 3 三个对象, a, b, c 三个属性, 对象 1 具有属性 a, c, 具有属性 b 的有对象 2, 3. 也就是说转置前后的形式背景并没有信息的丢失.

表 2-7   表 2-2 所示形式背景的转置背景

	1	2	3
a	×	×	
b		×	×
c	×		

仿照属性拓扑的定义, 下面给出对象拓扑的定义.

定义 2-11   已知一个形式背景 $K = (G, M, I)$, 对象拓扑定义为

$$\mathrm{OT} = \mathrm{AT}^{\mathrm{T}} = (V, \mathrm{Edge}) \tag{2-31}$$

其中

$$V^{\mathrm{T}} = G \tag{2-32}$$

$$\mathrm{Edge}^{\mathrm{T}}(g_i, g_j) = \begin{cases} \varnothing, & f(g_i)\bigcap f(g_j) = f(g_i) \neq f(g_j) \\ f(g_i)\bigcap f(g_j), & \text{其他} \end{cases} \tag{2-33}$$

由于对象拓扑可以理解为属性拓扑的简单转置, 它与属性拓扑的各种定义、性质、原理、运算等都是类似可得的, 此处便不再复述.

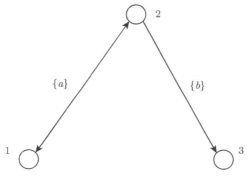

图 2-4 对象拓扑示例

2.6 决策连续形式背景的离散化

在实际应用中, 连续值的决策形式背景应用更为广泛. 目前存在的离散化方法有很多, 本节根据决策形式背景离散化的特殊要求, 提出了一种可视化的数据离散化方法. 该方法借助可视化方法对数据类别分布进行表示, 将连续数据分布转化为图形分布, 进一步利用视觉模糊性对图形空间进行处理, 进而将决策连续背景离散化.

2.6.1 数据空间的色度学可视化

为了在不影响空间分布的情况下进行数据类别表示, 本节采用文献 [3], [4] 中的色度学可视化表示方法.

对于一个已知类别数据 $u_i = \{x_{i1}, x_{i2}, \cdots, x_{id}\} \in U$, $L(x_i) \in c_m$. 其第 j 个特征在笛卡儿空间中映射空间坐标为 (j, x_{ij}). 将色度信息作为一个维度进行统一表示, 由于色度空间考虑了类别分布, 该特征在空间中的色度值可表示为 $f(j, x_{ij}, c_m)$. 其中 c_m 维表示类别, 在可视空间内以色度进行表示, 不影响原有的空间结构与表示过程.

对于多个数据所组成的数据集, 其特定坐标下的色度学表示可通过色度学合成完成. 设在该坐标 (x_i, x_j) 下共有 l 个对象, 需要 l 个基色进行表示. 设选取的基色

在颜色空间坐标为 $\vec{h_k}(r_k, \theta_k)$, 幅值 r_k 表示饱和度, 用于表示类别的混合程度. 对于基色, 由于表示单一类别, 所以饱和度最大, 可令 $r_k = 1$. 相角 θ_k 表示色调, 不同的色调对应不同相角.

在决策背景的离散过程中, 类别的概率分布是决策的主要依据, 而样本的绝对数目分布对于决策过程的影响包含在后期形式概念分析过程中. 因此, 本节对空间中相同坐标点的不同类别数据做归一化处理, 即

$$f(x_i, x_j, c_k) = \frac{f(x_i, x_j, c_k)}{\sum_{k=1}^{l} f(x_i, x_j, c_k)} \tag{2-34}$$

在色度学合成中, 相同空间上混合色的色调 θ 和色饱和度 r 分别为

$$\theta = \sum_{k=1}^{l} f(x_i, x_j, c_k)\theta_k \tag{2-35}$$

$$r = \max(\sum_{k=1}^{l} f(x_i, x_j, c_k)r_k, 1) \tag{2-36}$$

通过色度学计算, 将类别信息转化为色度信息对当前像素点进行着色.

2.6.2   可视化空间离散化

通过可视化表示, 将数据表示成可视空间中的点分布. 由于数据采集本身的离散特性及其采集样本数量特性, 类别数据在可视化空间中将表现为线段分布. 根据空间点或线的颜色特征对其进行离散化划分, 在保证分类精度的同时满足区段最小化, 是本方法的核心思想.

对于某一特征数据 $a = \{x_{1i}, x_{2i}, \cdots, x_{ni}\}$, 为表示方便, 根据其数值大小非递减排列, 则其值域 $V_a = \{v_a^1, v_a^2, \cdots, v_a^i, \cdots, v_a^n\}$, 即有

$$v_a^1 < v_a^2 \cdots < v_a^i < \cdots < v_a^n \tag{2-37}$$

则在形式背景 (U, A, I) 中, 数值为 v_a^i 的特征的集合可表示为

$$X_a^i = \{x \in a | x = v_a^i\} \tag{2-38}$$

结合子背景 (U, D, J), 集合 X_a^i 对应的类别可表示为

$$\Delta_a^i = \{d \in D | \exists x \in X_a^i, L(x) = d\} \tag{2-39}$$

则值域相邻的不同类别间隔为

$$C_a = \left\{ \frac{v_a^i + v_a^{i+1}}{2} \middle| |\Delta_a^i| > l \text{或} |\Delta_a^{i+1}| > l \text{或} \Delta_a^i \neq \Delta_a^{i+1} \right\} \tag{2-40}$$

在以划分为代表的离散化方法中, 对 v_a^i 和 v_a^{i+1} 取中间间隔, 以此作为离散化的区间标准. 从投影角度看, 该离散化过程是将原有的值域–样本域–特征域三维空间向值域–特征域平面的投影过程, 如图 2-5 所示.

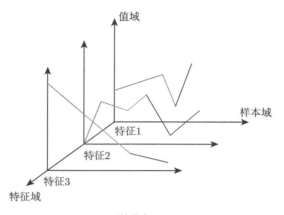

(a) 原始分布

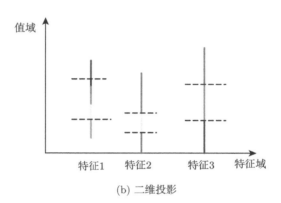

(b) 二维投影

图 2-5 离散化的映射表示 (后附彩图)

从图 2-5 中可以直观观察到, 该方法的本质是根据值域分布与类别分布对数据进行最大化离散, 从而保证每个量化区间内类别数目最小, 满足后期分类性能的要求. 但对于类别混叠严重的数据, 过细的离散化不但使离散化后的属性过多, 导致形式结构分析阶段计算复杂度增加, 而且容易形成过学习, 使分类性能下降.

为了解决划分过细的问题, 可通过对值域–特征域平面的投影对数据进行聚合, 其基本原则为: 设定量化间隔最小阈值 d, 若 $\Delta_a^i < d$, 则该量化间隔与相邻间隔中较小的进行合并, 从而将小的量化阶模糊化, 形成基于类别分布的大阶段量化. 依主动生长原理可知[5], 该量化后的区间间隔

$$C_a^i = \begin{cases} C_a^i, & C_a^i > d \text{且} C_a^{i+1} > d \\ C_a^i + C_a^{i+1}, & C_a^i > d \text{且} C_a^{i+1} < d \\ C_a^i + C_a^{i+1}, & C_a^i < d \text{且} C_a^{i+1} > d \\ C_a^i + C_a^{i+1}, & C_a^i < d \text{且} C_a^{i+1} < d \end{cases} \tag{2-41}$$

由分布条件可将式合并为

$$C_a^i = \begin{cases} C_a^i, & C_a^i > d \text{且} C_a^{i+1} > d \\ C_a^i + C_a^{i+1}, & \text{其他} \end{cases} \tag{2-42}$$

按主动生长原理进行简化 [5], 式 (2-42) 可进一步简化为

$$C_a^i = C_a^i - \text{Sign}(\text{Sign}(\text{Sign}(C_a^v - d) + \text{Sign}(C_a^i - d)) - 1) \cdot C_a^{i+1} \tag{2-43}$$

以此为依据对原始投影空间进行区间融合, 如图 2-6 所示. 特征 1 数据的中段数据, 由于每段间隔过小, 因此被合并为一个模糊区间; 特征 2 数据中, 黄色和青色均表示类别混叠区域, 但由于混叠类别不同且各段间隔较大, 因此分别进行量化; 特征 3 中均为单独类别区域且各段间隔较大, 可以直接根据原始结果进行量化.

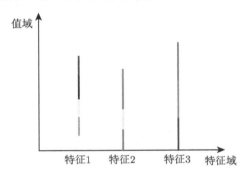

图 2-6   不同混叠数据的离散化划分示意图 (后附彩图)

2.6.3   形式背景生成

利用以上方法对各特征进行可视化数据离散化, 可将六元组 (U, M, A, I, D, J) 中的属性 A 由连续区间表示变为区间段表示, 即令一个连续集合变为有限集合的过程, 以此形成背景 $K = (U, M, W, I, D, J)$, 其中 U, M, D, J 均与原表示相同. W 为属性值域, 此处为离散化后的特征值; $I \subseteq U \times M \times W$ 为三元关系序偶, 满足当 $(u, m, w) \in R$ 且 $(u, m, v) \in R$ 时有 $w = v$ 成立. 以此将连续形式背景转化为多值形式背景.

进一步, 可利用标尺法或平凡运算将多值背景转化为二值背景 [2], 最终获得将六元组的决策连续形式背景 (U, M, A, I, D, J) 变为决策二值形式背景 (U, M, A, I, D, J) 的过程.

2.7   本 章 小 结

本章介绍了属性拓扑的基本定义、性质和运算, 并针对连续形式背景的离散化

给出了一种可视化转换方法, 这些内容是全书展开的基础性描述, 也是属性拓扑后期拓展的基础.

参 考 文 献

[1] Ganter B, Wille R. Formal Concept Analysis: Mathematical Foundations [M]. New York: Springer-Verlag, 1999: 5–75.

[2] 马垣. 形式概念及其新进展 [M]. 北京: 科学出版社, 2010:254–257.

[3] 张涛, 宋佳霖, 刘旭龙, 等. 基于色度学空间的多元图表示 [J]. 燕山大学学报, 2010, 34(2):111–114.

[4] Janicke H, Wiebel A, Scheuermann G, et al. Multifield visualization using local statistical complexity[J]. IEEE Transactions on Visualization & Computer Graphics, 2007, 13(6): 1384–1391.

[5] 张涛, 洪文学. 基于计算几何的非线性可视化分类器设计 [J]. 电子学报, 2011, 1(1):53–58.

第二篇
概 念 计 算

第3章 基于属性拓扑的全局形式概念搜索

属性拓扑作为一种新型的形式背景表示方法, 近年来受到广泛关注, 并出现了许多基于属性拓扑的形式概念计算方法 [1-3]. 为了在概念计算的同时构造概念之间的关系并进一步和概念格相关联, 本章提出了属性拓扑的全局形式概念搜索算法. 该算法首先在原属性拓扑基础上加入全局起点和全局终点, 并构造与相关结点的连线来对拓扑进行有序化处理, 形成一个完整的具有起点和终点的目标. 在此基础上, 以深度优先搜索为基本思想, 通过条件约束和计算规则的限定, 对固有排序的属性结点重复进行搜索和回溯来完成路径的遍历. 在对全局起点和全局终点之间的所有路径进行遍历的过程中得到所有的形式概念. 该算法将属性拓扑构造成一个完整的整体, 体现了算法的完整性, 同时在路径的遍历过程中获得形式概念的直观计算过程, 可视性较好.

3.1 算 法 基 础

3.1.1 属性拓扑性质

第 2 章简单介绍了属性拓扑的基础知识, 为了便于后续基于属性拓扑的相关运算和分析, 本章将进一步完善属性拓扑的相关性质定理.

文献 [2] 对属性拓扑中所有属性进行了划分, 为了便于后续计算, 本章对其进行精简区分和定义.

为了形式概念计算的需要, 本章引入了伪父属性对的一些相关性质.

定义 3-1　集合 P^a 满足以下条件:

(1) a 为伴生属性;

(2) $P^a = \bigcup_{i \in T} P_i^a$.

其中 $\forall P_i^a \in P^a$ 满足:

(1) P_i^a 是属性的非空集合;

(2) $\#P_i^a \geqslant 2$;

(3) 对于 $\forall m \in P_i^a$, $g(am) = O_i^a \subset g(a)$, 其中 O_i^a 是与 P_i^a 一一对应的非空对象集合;

(4) 对于 $\forall n \in M - P_i^a$, 有 $g(an) \neq O_i^a$;

(5) 如果 $\#P^a > 1$, 那么对于 $\forall P_j^a \in P^a (j \neq i)$, 满足 $P_j^a \neq P_i^a$ 和 $O_j^a \neq O_i^a$.

其中 P_i^a 称为伴生属性 a 的一个伪父属性对.

定义 3-2   在属性拓扑 $AT = (V, \text{Edge})$ 中, 若存在 $\forall v_i, v_j \in N \subseteq AT.V$, 均满足 $\text{Edge}(v_i, v_j) \neq \varnothing$ 或者 $\text{Edge}(v_j, v_i) \neq \varnothing$, 则称集合 N 构成一个完全多边形.

定理 3-1   在属性拓扑中, 如果 $\#P^a \neq 0$, 那么对于 $\forall P_i^a \in P^a$, $M_T = \{m_i | m_i \in a \bigcup \{P_i^a\}\}$ 必定为完全多边形.

证明   对 $\forall P_i^a \in P^a$, $\forall m \in P_i^a$, 均满足

$$g(a) \bigcap g(m) = O_i^a \neq \varnothing$$

$\forall m_i, m_j \in P_i^a$, 满足

$$g(a) \bigcap g(m_i) = O_i^a, \quad g(a) \bigcap g(m_j) = O_i^a \tag{3-1}$$

又因为

$$g(a) \bigcap g(m_i) \bigcap g(m_j) = (g(a) \bigcap g(m_i)) \bigcap (g(a) \bigcap g(m_j)) \tag{3-2}$$

结合式 (3-1) 和 (3-2), 有

$$g(a) \bigcap g(m_i) \bigcap g(m_j) = O_i^a \neq \varnothing \tag{3-3}$$

又因为

$$g(a) \bigcap g(m_i) \bigcap g(m_j) \subseteq g(m_i) \bigcap g(m_j) \tag{3-4}$$

结合式 (3-3) 和 (3-4),

$$g(m_i) \bigcap g(m_j) \neq \varnothing \tag{3-5}$$

结合式 (3-1) 和 (3-5),

$$g(m_i) \bigcap g(m_j) \neq \varnothing \quad (i \in T, j \in T)$$

即 $M_T = \{m_i | m_i \in a \bigcup \{P_i^a\}\}$ 为完全多边形. □

性质 3-1   对伴生属性 a, 如果 $\#P^a \neq 0$, 那么对于 $\forall P_i^a, P_j^a \in P^a$, 满足 $P_i^a \bigcap P_j^a = \varnothing$.

证明 $\forall P_1^a, P_2^a \in P^a$, 对应的有 O_1^a, O_2^a, 显然有 $O_1^a \neq O_2^a$. $\forall m_i \in P_1^a$, $g(m_i a) = O_1^a$. 同理 $\forall m_j \in P_2^a$, $g(m_j a) = O_2^a$. 因此对 $\forall m_i \in P_1^a$,

$$g(m_i a) = O_1^a \neq O_2^a$$

即

$$m_i \notin P_2^a$$

同理 $\forall m_j \in P_2^a, m_j \notin P_1^a$, 即 $P_i^a \bigcap P_j^a = \varnothing$. □

性质 3-2 对于 $\forall P_i^a \in P^a$, 均有 $P_i^a \bigcap \text{ParS}(a) = \varnothing$, $\text{ParS}(a)$ 表示 a 所有父属性集合.

证明 假设 $P_i^a \bigcap \text{ParS}(a) \neq \varnothing$, 即存在元素 m 满足 $m \in P_i^a$ 而且 $m \in \text{ParS}(a)$. 因为 $m \in \text{ParS}(a)$, 所以

$$g(am) = g(a) \tag{3-6}$$

由定义 3-1 可知

$$g(am) = O_i^a \subset g(a) \tag{3-7}$$

二者互相矛盾, 所以假设不成立. 即 $P_i^a \bigcap \text{ParS}(a) = \varnothing$. $\qquad\square$

由上述性质定理可知, 对于图 2-3 所示属性拓扑, $P^e = P^f = P^h = P^i = \varnothing$.

3.1.2 属性拓扑的有序化处理

由前文可知, 属性拓扑中的所有属性划分为两类: 顶层属性与伴生属性. 为了便于形式概念的计算, 本节从全局入手, 在不改变原有拓扑基本结构的基础上, 对属性拓扑进行有序化处理, 该过程描述如下.

在原拓扑基础上加入结点 Ψ 和 $E(g(\Psi) = U, g(E) = \varnothing)$, Ψ 作为全局起点, E 作为全局终点. 设集合 $M_\wedge, M_\vee \subseteq M$, 对 $\forall m_i \in M_\wedge$, 构造单向边 $\langle \Psi, m_i \rangle$, 同时令 $\text{Edge}(\Psi, m_i) = g(m_i)$. 对 $\forall m_j \in M_\vee$, 令 $\langle m_j, E \rangle = \text{End}$, 其中 End 为终结符. 为了统一表述, 画图中采用单向边描述.

属性拓扑的有序化处理分为以下两种情况:

(1) 不存在伴生属性. 令 $M_\wedge = M$ 且 $M_\vee = M$, 即 $\forall m \in M$, 令 $\text{Edge}(\Psi, m) = g(m)$, 同时令 $\langle m, E \rangle = \text{End}$.

(2) 存在伴生属性. 令 $M_\wedge$ 为顶层属性集, $M_\vee$ 为伴生属性集, 则 $M_\wedge \bigcup M_\vee = M$, 且 $M_\wedge \bigcap M_\vee = \varnothing$.

属性拓扑的有序化过程实际上是通过构造全局起点到相关顶点的单向边和相关顶点到全局终点的单向边来将拓扑有序为一个完整的整体. 对于存在伴生属性的属性拓扑而言, 拓扑的有序化过程实际上是构造全局起点到各个顶层属性的单向边和各个伴生属性到全局终点的单向边. 对于不存在伴生属性的属性拓扑而言, 拓扑的有序化是通过构造全局起点到全部属性顶点的单向边和全部属性顶点到全局终点的单向边来实现的.

由上述分析可知, 有序化过程对原拓扑中的各顶点属性之间的原有的关联性和关联强度没有丝毫的改变和影响, 即原拓扑的结构没有发生变化, 并没有破坏相关计算所需要的关联和关联强度.

从图论的角度来看, 该过程将属性拓扑整体化的同时将其有序化为四个层次, 即全局起点、顶层属性、伴生属性、全局终点, 使得属性拓扑更加具有层次性, 后续

的基于属性拓扑的形式概念计算、与概念格的相互转化均是在属性拓扑的有序化基础上进行的. 如果不做特殊说明, 下文提到的属性拓扑 AT = (V, Edge) 均为有序化后的属性拓扑.

在图 2-3 所示属性拓扑中, 顶层属性集为 $\{b, c, d, g\}$, 伴生属性集有 $\{f, e, h, i\}$, 在此基础上进行有序化处理, 即在原拓扑的基础上加入结点 Ψ 和 E, 并令 $M_\wedge = \{b, c, d, g\}$, $M_\vee = \{f, e, h, i\}$, 构造 Ψ 到集合 $M_\wedge$ 内各元素的单向边, 集合 $M_\vee$ 内各元素到 E 的单向边. 经过有序化处理后的拓扑图如图 3-1 所示. 图 3-1 中新加入的结点 Ψ 和 E 以及带箭头的虚线表示了属性拓扑的有序化过程.

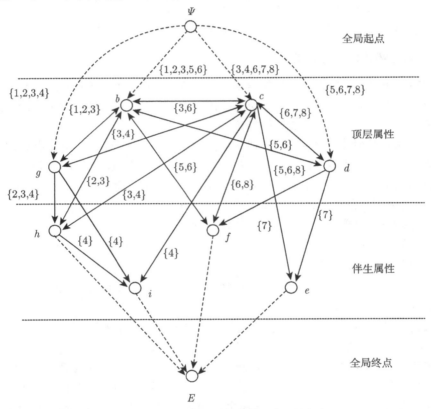

图 3-1　图 2-3 经有序化处理后的属性拓扑

如图 3-1 所示, 对于存在伴生属性的属性拓扑而言, 拓扑的有序化实际上是构造全局起点到各个顶层属性的单向边和各个伴生属性到全局终点的单向边. 对于不存在伴生属性的属性拓扑而言, 拓扑的退化是通过构造全局起点到全部属性顶点的单向边和全部属性顶点到全局终点的单向边来实现的.

由上述分析可知, 全局起点和全局终点及其相关边的加入对原拓扑中的各顶点属性之间的原有的关联性和关联强度没有丝毫的改变和影响, 即原拓扑的结构没有发生变化, 仍旧包含了背景中所有属性对象的关联及其关联强度. 属性拓扑的有序化并没有破坏形式概念计算所需要的关联和关联强度, 后续的基于有序化属性拓扑的形式概念的计算并未受到影响.

从图论的角度来看, 经过拓扑的有序化过程, 原属性拓扑则形成一个具有固定起点和终点的完整的图, 以便于后续路径搜索的实现.

3.1.3 结点排序

该算法是在有序化属性拓扑的基础上进行路径的搜索, 而为了便于后续全局路径搜索的实现, 需要对属性拓扑的全部属性进行排序.

对于形式背景 $K = (G, M, I)$, 其属性拓扑 AT $= (V, \text{Edge})$. 顶层属性集为 SPAs $\subseteq M$, 伴生属性集 SBAs $\subset M$. $\#\{\cdot\}$ 代表集合内元素的个数. 对 $\forall m_i \in C \subseteq M$, 令 $\text{num}(m_i) = \#\{n | \text{Edge}(n, m_i) \neq \varnothing$ 或 $\text{Edge}(m_i, n) \neq \varnothing, n \in V - \{m_i \bigcup \Psi \bigcup E\}\}$.

定义 3-3 对于非空集合 $C \subseteq M$, 定义一种映射 $T : C \to C$ 满足:

(1) $C \mapsto T(C) \stackrel{\triangle}{=} C^{\text{T}} = \{c_1, c_2, \cdots, c_i | c_k \in C, k \in [1, i]\}$.

(2) $\text{num}(c_1) \leqslant \text{num}(c_2) \leqslant \cdots \leqslant \text{num}(c_i)$.

定义 3-4 对于非空集合 $H \subseteq M$, 定义一种映射 $\wedge : H \to H$ 满足:

(1) $H \mapsto \wedge(H) \stackrel{\triangle}{=} H^{\wedge} = \{h_1, h_2, \cdots, h_n | c_i \in C, i \in [1, n]\}$.

(2) 对于 $\forall h_i \in H^{\wedge}$, 不存在 $h_k = \text{Chr}(h_i), 0 \leqslant k \leqslant i \leqslant n$.

结合定义 3-3 和定义 3-4, 令 $M_{(\text{SPAs,SBAs})} = \{\Psi, \text{SPAs}^{\text{T}}, (\text{SBAs}^{\text{T}})^{\wedge}, E\}$. SPAs^{T} 和 $(\text{SBAs}^{\text{T}})^{\wedge}$ 是分别对 SPAs 和 SBAs 内所有元素重新排序后的结果, 即 $M_{(\text{SPAs,SBAs})}$ 为一个有序集合.

由上述描述可知, $M_{(\text{SPAs,SBAs})}$ 做为一个有序集合, 是在加入起点和终点的属性集合的基础上, 对所有属性进行排序的结果. 排在起点之后的为一系列的顶层属性, 之后是一系列伴生属性, 最后为加入的终点. 后续算法中对结点的搜索和回溯都是在此基础上进行的.

对于表 2-1 所示形式背景, $M = \{b, c, d, e, f, g, h, i\}$, 顶层属性集 SPAs $= \{b, c, d, g\}$, 伴生属性集 SBAs $= \{f, e, h, i\}$. 根据上述定义, 有 SPAs$^{\text{T}} = \{d, g, b, c\}$, $(\text{SBAs}^{\text{T}})^{\wedge} = \{e, f, h, i\}$, $M_{(\text{SPAs,SBAs})} = \{\Psi, d, g, b, c, e, f, h, i, E\}$.

3.1.4 路径的表示方法

在结点排序的基础上, 该算法实际上是结点不断搜索和回溯以形成遍历路径的过程, 为了便于表示, 将算法过程中经过的遍历路径做以下形式的表示:

设拓扑的全部属性集为 $X = \{x_1, x_2, x_3, \cdots, x_m\}$, 共有 m 个属性.

定义 3-5　定义一种关系 $(\overset{n}{\Lambda} X, \angle, \theta)$, 同时满足:

(1) $\overset{n}{\Lambda} X = \angle(\overset{n}{\Lambda} X) \cdot \theta^{(\overset{n}{\Lambda} X)}$;

(2) $\angle(\overset{n}{\Lambda} X) = g(\overset{n}{\Lambda} X)$;

(3) $\theta^{(\overset{n}{\Lambda} X)} \triangleq \langle x_1, x_2, \cdots, x_n \rangle$.

其中, $\overset{n}{\Lambda} X$ 满足:

① $\overset{n}{\Lambda} X = \{x_1 \Lambda x_2 \cdots \Lambda x_n | \forall x_i \in X, i \in [1, n]\}$;

② $\overset{1}{\Lambda} X = \{x_1 | \forall x_1 \in X\}$;

③ $n \leqslant m$;

④ $x_1 \Lambda x_2 \neq x_2 \Lambda x_1, \forall x_1, x_2 \in X$;

⑤ $(x_1 \Lambda x_2) \Lambda x_3 = x_1 \Lambda (x_2 \Lambda x_3), \forall x_1, x_2, x_3 \in X$;

⑥ $x_1 \Lambda x_2 \Lambda x_3 = (x_1 \Lambda x_2) \Lambda (x_2 \Lambda x_3), \forall x_1, x_2, x_3 \in X$.

由上述定义可知, 当 $\#\{\angle(\overset{n}{\Lambda} X)\} \neq 0$ 时, $\text{Path} = \overset{n}{\Lambda} X$ 由它的大小和方向唯一确定, 它的大小用 $\angle\text{Path} = \angle(\overset{n}{\Lambda} X)$ 来表示, $\angle(\overset{n}{\Lambda} X) = \bigcap\limits_{i=1}^{n} g(x_i)$, 方向由 $\theta^{\text{Path}} = \theta^{\overset{n}{\Lambda} X}$ 来表示.

由上述定义及其分析可知, $\text{Path} = \overset{n}{\Lambda} X$ 可以表示路径的形成过程: θ^{Path} 记录了当前路径依次经过的属性结点, 即 $(x_1, x_2, x_3, \cdots, x_n)$, 每两个相邻的结点间存在单向边, 即路径中的边依次为 $\langle x_1, x_2 \rangle, \langle x_2, x_3 \rangle, \cdots, \langle x_{n-1}, x_n \rangle$, 并将 $\angle\text{Path}$ 作为边 $\langle x_{n-1}, x_n \rangle$ 上的权值.

若在现有路径的基础上, 加入一个新的结点 x_{n+1}, 有 $\text{Path} = \text{Path}\Lambda\{x_{n+1}\}$. 路径进行更新: 生成一个新的结点 x_{n+1} 和新的边 $\langle x_n, x_{n+1} \rangle$, 即路径依次经过的属性结点为 $(x_1, x_2, x_3, \cdots, x_n, x_{n+1})$, 边 $\langle x_n, x_{n+1} \rangle$ 上的权值为 $\angle\text{Path} = \angle(\overset{n+1}{\Lambda} X)$.

性质 3-3　若 $\#\{\angle(\overset{n}{\Lambda} X)\} \neq 0$, 则在属性拓扑中, $X_n = \{x_1, x_2, x_3, \cdots, x_n\}$ 必为完全多边形.

证明

$$\#\{\angle(\overset{n}{\Lambda} X)\} \neq 0$$

则

$$\angle(\overset{n}{\Lambda} X) \neq \varnothing$$

$$\angle(\overset{n}{\Lambda} X) = \bigcap\limits_{i=1}^{n} g(x_i) \neq \varnothing \tag{3-8}$$

对 $\forall x_k, x_j \in X$,

$$\bigcap\limits_{i=1}^{n} g(x_i) \subseteq g(x_k) \bigcap g(x_j) \tag{3-9}$$

结合式 (3-8) 和 (3-9), $\forall x_k, x_j \in X$,

$$g(x_k) \bigcap g(x_j) \neq \varnothing$$

即 $X_n = \{x_1, x_2, x_3, \cdots, x_n\}$ 必定构成完全多边形. □

引理 3-1 $\#\{\angle(\overset{n}{\Lambda} X)|n < m\} = 0$, 则 $\{x_1, x_2, x_3, \cdots, x_n\}$ 必不是概念的内涵.

证明 因为 $\#\{\angle(\overset{n}{\Lambda} X)|n < m\} = 0$, 所以,

$$\angle(\overset{n}{\Lambda} X) = \varnothing$$

即

$$\bigcap_{i=1}^{n} g(x_i) = g\left(\bigcup_{i=1}^{n} x_i\right) = \varnothing$$

要证明 $\{x_1, x_2, x_3, \cdots, x_n\}$ 为概念的内涵, 需满足

$$f\left(g\left(\bigcup_{i=1}^{n} x_i\right)\right) = \left\{\bigcup_{i=1}^{n} x_i\right\} \tag{3-10}$$

因为

$$f\left(g\left(\bigcup_{i=1}^{n} x_i\right)\right) = f(\varnothing) \tag{3-11}$$

在该形式背景下有

$$f(\varnothing) = \{x_1, x_2, x_3, \cdots, x_m\} \tag{3-12}$$

结合 (3-11) 和 (3-12),

$$f\left(g\left(\bigcup_{i=1}^{n} x_i\right)\right) = \{x_1, x_2, x_3, \cdots, x_m\} \tag{3-13}$$

(3-10) 和 (3-11) 相互矛盾. 即 $\{x_1, x_2, x_3, \cdots, x_n\}$ 不是概念的内涵. □

引理 3-2 若 $\#\{\angle(\overset{n-1}{\Lambda} X)\} \neq 0$, $\underset{\forall x_s \in X - \{x_1, x_2, \cdots, x_{n-1}\}}{\#} \{\{\overset{n-1}{\Lambda} X\}\Lambda x_s\} = 0$, 则

$X' = \{x_1, x_2, x_3, \cdots, x_{n-1}\}$ 必为概念的内涵.

证明 因为 $\#\{\overset{n-1}{\underset{i=1}{\Lambda}} x_i | x_i \in X\} \neq 0$, 所以

$$\bigcap_{i=1}^{n} g(x_i) = g(X') \neq \varnothing$$

因为 $\underset{\forall x_s \in X - \{x_1, x_2, \cdots, x_{n-1}\}}{\#} \{\{\overset{n-1}{\Lambda} X\}\Lambda x_s\} = 0$, 所以对 $\forall x_s \in X - X'$,

$$g(X') \bigcap g(x_s) = \varnothing \tag{3-14}$$

由形式概念定义可知, 要证明 $X' = \{x_1, x_2, x_3, \cdots, x_{n-1}\}$ 为一个形式概念的内涵, 只需证明 $f(g(X')) = X'$. 由形式背景关系可知

$$X' \subseteq f(g(X'))$$

若 $X' \subset f(g(X'))$ 成立, 则必有

$$f(g(X')) = X' \bigcup N$$

其中 $N \subseteq X - X'$ 且 $N \neq \varnothing$, 进而得到

$$g(f(g(X'))) = g(X' \bigcup N) = g(X') \bigcap g(N) \tag{3-15}$$

又

$$g(f(g(X'))) = g(X') \tag{3-16}$$

结合 (3-15) 和 (3-16),

$$g(X') = g(X') \bigcap g(N) \tag{3-17}$$

结合 (3-14) 和 (3-17),

$$g(X') = \varnothing$$

显然结果错误. 因此

$$X' \not\subset f(g(X'))$$
$$f(g(X')) = X'$$

即 X' 为一个形式概念的内涵.　　　　　　　　　　　　　　　　　　□

3.2　结　点　搜　索

该算法是在有序化属性拓扑的基础上进行路径搜索和概念的计算, 基于结点的排序, 算法从全局起点 Ψ 开始, 通过依次遍历结点来进行路径的遍历, 直至遍历完 Ψ 和 E 两点之间的所有的路径. 路径的遍历过程根本上是结点的搜索和回溯的问题, 该算法通过设置条件约束和计算限制为结点的搜索和回溯提供了依据.

3.2.1　结点搜索过程

对拓扑中结点的搜索实质上是通过各顶点间的弧找邻接点的过程. 设形式背景下全部属性集合为 $X(\#X = n_0)$, n_0 为常数, 集合 $M_\wedge$, $M_\vee$ 分别是集合 X 的顶层属性集和伴生属性集. 进行上一节描述的结点排序后形成的的属性顶点的有序集合为 $X_{(\text{SPAs,SBAs})} = \{x_1, x_2, \cdots, x_{n_0+2}\}$, 结点的搜索是在此基础之上进行的.

本算法从第一个元素 x_1, 即起点 Ψ 开始, 依次对后续元素进行搜索, 对有序集合 $X_{(\text{SPAs,SBAs})}$ 而言, $x_2 = \text{Next}(\Psi)$, $x_3 = \text{Next}(x_2)$.

设当前路径为 $P = \overset{k-1}{\Lambda} X_{(\text{SPAs,SBAs})}$, $k \leqslant n_0 + 2$, 路径依次经过的属性结点构成有序集合 I, $I = \{x_1, x_2, \cdots, x_{k-1}\}$. 设结点 m 为当前遍历属性, 结点搜索过程及其条件约束如图 3-2 所示.

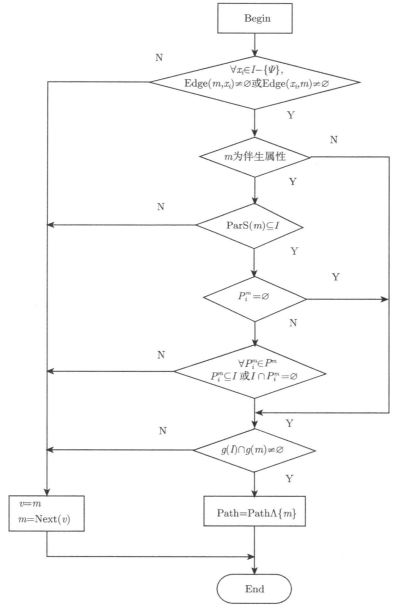

图 3-2 结点搜索过程及其约束条件

由图 3-2 可知, 对结点 m 进行搜索时, 约束条件如下:

Cont1: 对于 $\forall x_i \in I - \{\varPsi\}$, 满足 $\mathrm{Edge}(m, x_i) \neq \varnothing$ 或者 $\mathrm{Edge}(x_i, m) \neq \varnothing$;

Cont2: 对于 $\forall m_j \in N$, $N \subseteq M - m_i$, 满足 $g(m) \subset g(m_j)$;

Cont3:ParS$(m) \subseteq I$;

Cont4:$P^m = \varnothing$;

Cont5:$\forall P_i^m \in P^m$, 均满足 $P_i^m \subseteq I$ 或 $I \bigcap P_i^m = \varnothing$;

Cont6:$g(I) \bigcap g(m) \neq \varnothing$.

由图 3-2 可知, 当满足以下任一条件, 即满足结点搜索的约束条件时, 路径进行更新, 即 Path$' = $Path$\Lambda\{m\}$, $\angle$Path$' = \angle$Path$\bigcap g(m)$, $I' = I \bigcup \{m\}$.

Cont7:Cont1 $\bigcap \overline{\text{Cont2}} \bigcap$ Cont6 = true.

Cont8:Cont1 $\bigcap$ Cont2 $\bigcap$ Cont3 $\bigcap$ Cont4 $\bigcap$ Cont6 = true.

Cont9:Cont1 $\bigcap$ Cont2 $\bigcap$ Cont3 $\bigcap \overline{\text{Cont4}} \bigcap$ Cont5 $\bigcap$ Cont6 = true.

当 $\overline{\text{Cont7}} \bigcap \overline{\text{Cont8}} \bigcap \overline{\text{Cont9}}$ = true, 即不满足结点搜索的约束条件, 则有 $v = m$, $m = $Next$(v)$, 即遍历 m 的后续属性结点.

下面通过实例来分析结点的搜索过程, 对于表 2-1 所示的形式背景, $X_{(\text{SPAs,SBAs})}$ $= \{\Psi, d, g, b, c, e, f, h, i, E\}$.

算法从起点开始, 即 Path $= \{\Psi\}$, $I = \{\Psi\}$. 当前遍历属性 $m = d$, 由分析可知, d 满足以下条件: d 是顶层属性; $g(I) \bigcap g(d) \neq \varnothing$.

即遍历属性 d 满足上述条件 G, 路径进行更新, Path $= \{\Psi\Lambda d\}$, $I = \{\Psi, d\}$, 新生成的边 $\langle \Psi, d\rangle$ 的权值 $w\langle \Psi, d\rangle = \angle$Path $= g(\Psi) \bigcap g(d) = g(d) = \{5, 6, 7, 8\}$. 边的指向 $\theta^{\text{Path}} = \langle \Psi, d\rangle$, 即由 Ψ 指向 d. 上述过程可以用图 3-3 进行表示.

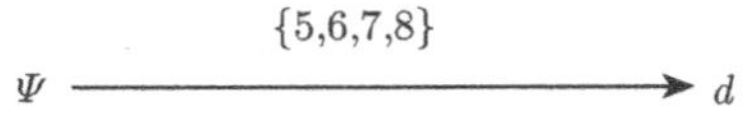

$$\Psi \xrightarrow{\{5,6,7,8\}} d$$

图 3-3　路径 $\{\Psi\}$ 到路径 $\{\Psi\Lambda d\}$ 的更新过程

图 3-3 形象化地表示了该过程 Path $= \{\Psi\Lambda d\}$: θ^{Path} 如图中箭头的指示方向所示. $\angle$Path 作为权值, 标注在新生成的边上.

3.2.2　结点搜索过程的数据更新

由上一节分析可知, 每当遍历结点满足搜索条件加入到当前路径时, 路径进行更新, 同时有一系列的数据也将进行更新, 主要体现在以下两个方面.

1) 概念集 C_X 的更新

设未有序化处理的拓扑属性集合为 $X(\#X = n_0)$, $X_{(\text{SPAs,SBAs})} = \{x_1, x_2, \cdots, x_{n_0+2}\}$, 共有 n_0+2 个属性, 设属性类别集合为 $\{0, 1\}$, 表示属性 x_i 的类别为 Mark(x_i), 则令 Mark$(x_i) \in \{0, 1\}$. 初始化 Mark$(x_i) = 0, \forall x_i \in X$. 初始化 $C_X = \varnothing$.

设当前路径为 Path $= \overset{k}{\Lambda} X_{(\text{SPAs,SBAs})}$, $k \leqslant n_0 + 2$, $I = \{x_1, x_2, \cdots, x_k\}$, 令概念集 $C_X = \{C_1, C_2, \cdots, C_l\}$. 对 $\forall c_j \in C_X, c_j = (A_j, B_j)$, 即 $C_X = \{(A_1, B_1), (A_2, B_2), \cdots, (A_l, B_l)\}$.

设遍历属性 m 满足上节描述的搜索条件, 路径进行更新, 即 $\mathrm{Path}' = \mathrm{Path}\Lambda\{m\}$, $\angle\mathrm{Path}' = \angle\mathrm{Path}\bigcap g(m), I' = I\bigcup\{m\}$.

此时集合 C_X 进行更新:

当 $\angle\mathrm{Path}' = \angle\mathrm{Path}$ 时, 生成的二元组 $(\angle\mathrm{Path}', I') \to (A_s, B_s) : A_s = \angle\mathrm{Path}, s \leqslant l$. 即此时集合 $C_X = \{(A_1, B_1), (A_2, B_2), \cdots, (A_{l-1}, B_{l-1})(\angle\mathrm{Path}', I')\}, s = l$, 或者 $C_X = \{(A_1, B_1), (A_2, B_2), \cdots, (A_{s-1}, B_{s-1})(\angle\mathrm{Path}', I'), \cdots, (A_s, B_s)\}, s < l$, 同时 $\mathrm{Mark}'(x_k) = 1$.

当 $\angle\mathrm{Path}' \neq \angle\mathrm{Path}$ 时, $C_X = C_X\bigcup\{(\angle\mathrm{Path}', I')\}, C_X = \{(A_1, B_1), (A_2, B_2), \cdots, (A_l, B_l)(\angle\mathrm{Path}', I')\}$.

2) 对原属性拓扑的更新

若 $\angle\mathrm{Path}' = \mathrm{Edge}(x_k, m)$, 则有 $\mathrm{Edge}(x_k, m) = \mathrm{Edge}(m, x_k) = \varnothing$, 即对原拓扑中 x_k 与 m 之间的边 (单向边或者双向边) 进行移除.

若 $\angle\mathrm{Path}' \neq \mathrm{Edge}(x_k, m)$, 原属性拓扑保持不变, 不进行更新.

如果当前遍历属性 m 不满足上节描述的结点搜索条件, 则不进行上述描述两方面的更新.

下面通过实例来分析上述数据更新:

对表 2-1 所示的形式背景而言, 设当前路径为 $\mathrm{Path} = \{\Psi\Lambda d\}, I = \{\Psi, d\}$, $C_X = \{(\{1, 2, 3, 4, 5, 6, 7, 8\}, \{\Psi\}), (\{5, 6, 7, 8\}, \{\Psi, d\})\}$, 如图 3-3 所示. 设当前遍历属性 $m = b$, 由分析可知, 遍历属性 b 满足上一节描述的结点搜索条件, 则路径进行更新: $\mathrm{Path}' = \{\Psi\Lambda d\Lambda b\}, \angle\mathrm{Path}' = g(\Psi d)\bigcap g(b) = \{5, 6, 7, 8\}\bigcap\{1, 2, 3, 5, 6\} = \{5, 6\}$, $I' = \{\Psi, d, b\}$. 更新后的路径如图 3-4 所示, 为了表述方便, 两结点之间生成的单向边用不带箭头的连线表示.

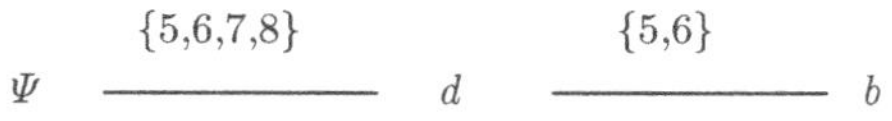

$$\Psi \quad \underset{\{5,6,7,8\}}{\rule{3cm}{0.4pt}} \quad d \quad \underset{\{5,6\}}{\rule{3cm}{0.4pt}} \quad b$$

图 3-4 图 3-3 更新之后的路径

下面描述路径更新后的数据更新: 概念集 C_X 更新:

$\angle\mathrm{Path}' = \{5, 6\} \neq \angle\mathrm{Path} = \{5, 6, 7, 8\}$. 则将生成的二元组 $(\{5, 6\}, \{\Psi, d, b\})$ 加入到集合 $C_X, C_X = \{(\{1, 2, 3, 4, 5, 6, 7, 8\}, \{\Psi\}), (\{5, 6, 7, 8\}, \{\Psi, d\}), (\{5, 6\}, \{\Psi, d, b\})\}$, 表 3-1 描述了概念集 C_X 随路径更新而更新的情况.

表 3-1 概念集 C_X 的更新情况

Path	$\Psi\Lambda a$	$\Psi\Lambda a\Lambda b$
C_X	$(\{1, 2, 3, 4, 5, 6, 7, 8\}, \{\Psi\})$	$(\{1, 2, 3, 4, 5, 6, 7, 8\}, \{\Psi\})$
	$(\{5, 6, 7, 8\}, \{\Psi, d\})$	$(\{5, 6, 7, 8\}, \{\Psi, d\})$
		$(\{5, 6\}, \{\Psi, d, b\})$

原属性拓扑的更新:

$\angle \text{Path}' = \{5, 6\}$, 由属性拓扑图可知 $\text{Edge}(d, b) = \{5, 6\}$, 满足条件 $\angle \text{Path}' = \text{Edge}(x_k, m)$, 则令 $\text{Edge}(d, b) = \text{Edge}(b, d) = \varnothing$, 移除原属性拓扑中结点 d, b 之间的连线.

另外, 设当前路径为 $\text{Path} = \{\Psi \wedge d \wedge b \wedge c\}$, $I = \{\Psi, d, b, c\}$, $C_X = \{(\{1, 2, 3, 4, 5, 6, 7, 8\}, \{\Psi\}), \cdots, (\{6\}, \{\Psi, d, b, c\})\}$, 当前路径表示如图 3-5 所示.

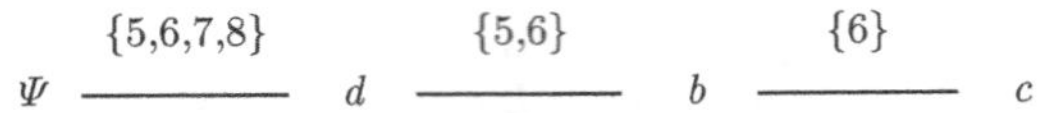

$$\Psi \overset{\{5,6,7,8\}}{\rule{3cm}{0.4pt}} d \overset{\{5,6\}}{\rule{3cm}{0.4pt}} b \overset{\{6\}}{\rule{3cm}{0.4pt}} c$$

图 3-5　当前路径

设当前遍历属性为 f, 由分析可知, f 满足上节描述的结点搜索条件, 则路径进行更新: $\text{Path}' = \{\Psi \wedge d \wedge b \wedge c \wedge f\}$, $\angle \text{Path}' = \angle \text{Path} \bigcap g(f) = \{6\} \bigcap \{5, 6, 8\} = \{6\}$. 更新后的路径如图 3-6 所示.

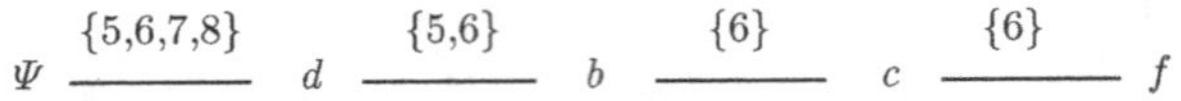

$$\Psi \overset{\{5,6,7,8\}}{\rule{2cm}{0.4pt}} d \overset{\{5,6\}}{\rule{2cm}{0.4pt}} b \overset{\{6\}}{\rule{2cm}{0.4pt}} c \overset{\{6\}}{\rule{2cm}{0.4pt}} f$$

图 3-6　图 3-5 进行更新后的路径

下面描述路径更新后的数据更新: 概念集 C_X 的更新:

$\angle \text{Path}' = \angle \text{Path} = \{6\}$, 将生成的二元组 $(\{6\}, \{\Psi, d, b, c, f\})$ 替代集合 C_X 中的元素 $(\{6\}, \{\Psi, d, b, c\})$, 集合 C_X 中元素个数不发生变化. 同时令 $\text{Mark}'(c) = 1$.

表 3-2 描述了路径从起点开始遍历到当前路径的过程中, 随着每一次路径的更新, 集合 C_X 的更新情况.

表 3-2　C_X 随着 Path 的更新情况

Path	Ψ	$\cdots$	$\Psi \wedge d \wedge b \wedge c$	$\Psi \wedge d \wedge b \wedge c \wedge f$
C_X	$(\{1, 2, 3, 4, 5, 6, 7, 8\}, \{\Psi\})$	$\cdots$	$(\{1, 2, 3, 4, 5, 6, 7, 8\}, \{\Psi\})$	$(\{1, 2, 3, 4, 5, 6, 7, 8\}, \{\Psi\})$
			$\cdots\cdots$	$\cdots\cdots$
			$(\{5, 6\}, \{\Psi, d, b\})$	$(\{5, 6\}, \{\Psi, d, b\})$
			$(\{6\}, \{\Psi, d, b, c\})$	$(\{6\}, \{\Psi, d, b, c, f\})$

原属性拓扑的更新:

$\angle \text{Path}' = \{6\}$, 由属性拓扑图可知 $\text{Edge}(c, f) = \{6, 8\}$, 满足条件 $\angle \text{Path}' \neq \text{Edge}(x_k, m)$, 则原属性拓扑保持不变.

3.3　结 点 回 溯

在进行结点遍历的过程中, 当满足一定限制条件时, 则进行结点的回溯, 回溯过程及其限制条件如下所述:

设形式背景下全部属性集合为 $X(\#X = n_0)$, $X_{\text{(SPAs,SBAs)}} = \{x_1, x_2, \cdots, x_{n_0+2}\}$, 当前路径为 $\text{Path} = \overset{k}{\Lambda} X_{\text{(SPAs,SBAs)}}$, $k \leqslant n_0 + 2$, $I = \{x_1, x_2, \cdots, x_k\}$.

对于当前遍历属性 m, 当满足下列任一条件时, 进行结点的回溯:

(Y) $m = E \& \text{Path} \neq \{\Psi\}$;

(Z) $\text{Mark}(m) = 1$.

设当前遍历属性 m 满足上述条件 $Y \bigcup Z = \text{true}$, 则进行结点的回溯, 即令 $\text{Path}' = \overset{k-1}{\Lambda} X_{\text{(SPAs,SBAs)}}$, 即 $\text{Path}' = \{x_1 \Lambda x_2 \Lambda \cdots \Lambda x_{k-1}\}$, $\angle \text{Path}' = \overset{k-1}{\underset{i=1}{\bigcap}} g(x_i)$, 同时 $I' = \{x_1, x_2, \cdots, x_{k-1}\}$, $\text{Mark}(x_k) = 0$, 集合 C_X 不发生变化.

结合以上描述, 结点回溯过程及其约束条件如图 3-7 所示, $\text{Last}(\cdot)$ 代表有序集合的最后一个元素.

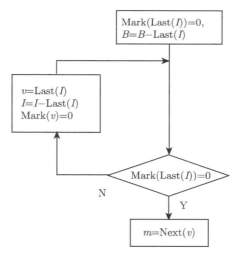

图 3-7　结点回溯过程及其约束条件

由图 3-7 可知, 当满足上述所述条件 $\overline{Y} \bigcap \overline{Z} = \text{true}$ 时, 结点停止回溯, m 进行更新.

下面通过实例来说明结点的回溯及其约束条件:

设当前路径如图 3-6 所示, 由 3.2.2 节描述可知, $\text{Mark}\left(\overset{5}{\underset{i=1}{\bigcup}} x_i\right) = \{0, 0, 0, 1, 0\}$, $\text{Mark}(c) = 1$. 设当前遍历属性为 E, 满足条件 Y, 则进行结点的回溯, 即 $\text{Path} = \{\Psi \Lambda d \Lambda b \Lambda c\}$, $I = \{\Psi, d, b, c\}$, $\text{Mark}(f) = 0$.

然后对 $\text{Mark}(c)$ 进行判断, 因为 $\text{Mark}(c) = 1$, 满足结点回溯条件 Z, 所以接着进行结点的回溯, 即 $\text{Path} = \{\Psi \Lambda d \Lambda b\}$, $I = \{\Psi, d, b\}$, $\text{Mark}(c) = 0$, 同时令 $v = c$.

然后对 $\text{Mark}(b)$ 进行判断, $\text{Mark}(b) = 0$, 满足条件 $\overline{Y} \bigcap \overline{Z} = \text{true}$, 结点停止回溯, 当前遍历结点 m 更新为 $\text{Next}(v) = \text{Next}(c) = e$, 同时集合 C_X 不发生变化. 结点

停止回溯之后的路径更新如图 3-8 所示.

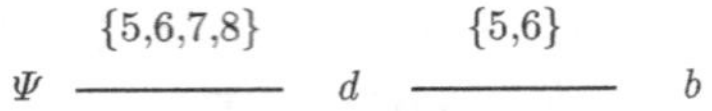

$$\Psi \overset{\{5,6,7,8\}}{——} d \overset{\{5,6\}}{——} b$$

图 3-8 图 3-6 进行结点回溯之后的路径

3.4 算法总流程

在上述结点搜索和回溯的基础上, 算法总流程如图 3-9 所示.

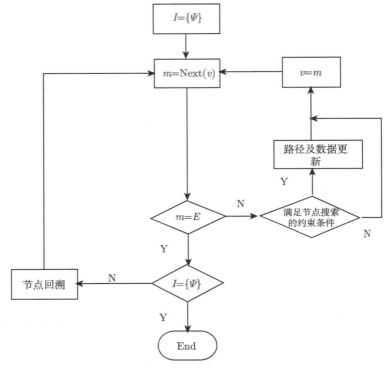

图 3-9 算法总流程图

由图 3-9 分析可知, 当结点不再进行回溯之后, 接着进行结点 m 的搜索过程, 同时在结点 m 的搜索过程中, 若满足结点回溯的条件, 则进行结点 m 的回溯过程. 即该算法是在结点的不断搜索和回溯的重复进行过程中实现了两定点之间所有满足约束条件的路径的遍历过程.

在路径遍历的过程中, 不断进行二元组集合 C_X 的更新和对原属性拓扑相关边的移除过程. 由图 3-9 可知, 当满足条件 $(m = E) \bigcap (\text{Path} = \{\Psi\}) = \text{ture}$ 时,该算法结束. 因为起点 Ψ 不具有实际意义, 我们将集合 C_X 中的每一个二元组 $(\{\Psi\} \bigcup A, B)$ 更新为 (A, B). 此时, 集合 C_X 中每一个二元组即为一个形式概念, 形式背景 $K = (G, M, I)$ 下的全部概念集 $\mathfrak{B}(K) = C_X \bigcup \{(\varnothing, M)\}$, 即完成了全部概念的计算过程.

算法所得形式概念是在预处理形式背景的基础上得到的, 因此需要对概念进行复原: 在所有概念的外延 (或内涵) 中, 加入预处理过程中曾经删除的全局对象 (或全局属性); 将合并为一个元素的等价对象 (或属性) 进行拆分, 恢复为原来的集合.

3.5 本 章 小 结

本章在形式背景的属性拓扑表示的基础上, 对属性拓扑进行进一步的拓展研究, 提出了伪父属性对等概念, 描绘了相关结点之间的关联特性, 同时通过对拓扑性质的进一步完善, 为概念的计算提供了充分的理论依据. 通过对伪父属性对的条件限制, 在结点遍历过程中避免了伪内涵的产生, 解决了伪内涵判断过程复杂度高的问题. 在此基础上, 本章以深度优先搜索为基本思想, 提出全局形式概念搜索算法. 该算法首先将属性拓扑进行有序化处理, 将属性拓扑退化为一个具有层次性的完整的图, 为属性拓扑的搜索奠定了基础; 然后在约束条件和计算限制的限定下, 通过对固有排序的属性结点集合的遍历, 在得到所有路径的同时计算出所有的形式概念. 该算法通过全局形式概念搜索方法, 建立了基于属性拓扑的由上至下的概念形成算法, 易于理解和操作, 体现了算法的完整性和高效性, 适用于大规模数据的应用和分析. 通过对拓扑中相关边的移除和路径的可视化生成过程, 增强了计算的可视化特性.

参 考 文 献

[1] 张涛, 任宏雷, 洪文学, 等. 基于属性拓扑的可视化形式概念计算[J]. 电子学报, 2014, 42(5): 925–932.

[2] 张涛, 任宏雷. 形式背景的属性拓扑表示[J]. 小型微型计算机系统, 2014, 35(3): 590–593.

[3] 李刚, 马彦超, 张涛, 等. 基于属性拓扑图的形式概念构造算法[J]. 系统工程理论与实践, 2015(1):254–259.

第 4 章　基于拓扑分解的并行概念计算

形式概念分析 [1] (formal concept analysis) 是应用数学的一个分支, 其中三个重要的组成部分是: 作为数据来源的形式背景; 被认为是人类认知细胞和基本单元的形式概念以及描述形式概念之间泛化例化关系的概念格. 形式概念分析在软件工程 [2]、知识发现 [3-5]、数据挖掘 [6,7]、认知计算 [8] 等很多领域的广泛应用都得益于这三个重要的组成部分, 尤其是形式概念和概念格, 它们可以体现数据集中很重要的信息 [9]. 概念格的构建是两个步骤的组合, 一是计算形式概念, 二是求取形式概念间的偏序关系. 因此形式概念的计算作为形式概念分析中的基础且核心问题, 受到了广泛的关注和研究. 直观上看, 概念格的生成和概念的计算需要枚举全体对象和属性的所有子集, 其复杂度和形式背景的规模成指数增长. 因此, 如何降低应用的复杂性, 减少时间的消耗, 同时产生精确的、适合阅读和分析的概念格是当前面临的一个重要挑战.

4.1　并行概念计算现状

在实际的很多应用中, 大规模的二元关系形式背景越来越常见, 传统的批处理式和渐进式算法已经开始展现出不足. 由于并行和分布式计算的飞速发展, 并行算法成为处理大规模数据的基本方法之一, 它允许将工作负荷分摊到一组计算单元中, 并通过多种协作模式解决大数据的处理问题. 在形式概念的计算中, 也出现了很多种并行算法. 如 Kengue 等提出了 DAC-ParaLaX 算法 [10], 该算法将形式背景分解为 D&C 树, 树中每个叶子结点是只有一个属性的形式背景, 中间结点则是其孩子结点的并置; 叶子结点对应的概念格可以直接得出, 第 $i-1$ 层结点的概念格则由第 i 层的概念格获得, 通过将每层中的概念格的处理分配到多个线程中实现并行计算; 当处理到根结点时, 即得到了完整的概念格. Krajca 等提出的 PCbO 算法 [11] 从概念格的最顶端概念 $(f(\varnothing), g(f(\varnothing)))$ 开始, 使用深度优先搜索方法, 从根结点开始递归生成包含 L 个属性的形式概念 (A, B), 并将这些形式概念存入待处理的队列; 然后将每一个待处理的形式概念对应地放入一个线程, 求取内涵扩大的新的概念; 其中利用了概念计算的封闭性, 即可以将一个已知概念的内涵扩大或外延缩小来获得新的概念, 表示为 GenerateFrom$((A, B), y)$, 并讨论了如何实现概念的去重, 以完成全体概念的计算. 其后又加入了 Map-Reduce 框架, 将 GenerateFrom 拆分为 MapConcepts 和 ReduceConcepts, 分别完成概念的生成和概念的去重, 并用广度优先搜索替换深度优先搜索算法, 这样的好处就是允许所有的概念是按层输出的 [12]. Bhatnagar 等提出的并行算法 [9] 中, 在 Map-Reduce 框架中, 求取一个足够充足的概念集合; 然后利用这个概念集合单线程串行的枚举其他的形式概念. 基于闭包系统的划分和分解, 董辉等和马驰分别提出了两种概念格并行构造算法 [13,14]. 马冯等提出了 VCMDCL 算法 [15], 先将形式背景纵向拆分, 然后将分布在各站点上的, 具有相同属性集的形式背景构建出的子概念格进行有效合并. 智慧来 [24] 通过对 $f(A)$ 和 $g(B)$ 进行修正以适应研究客体的异构信息, 讨论了异构数据集上的偏序形成, 并介绍了一种广义概念格的并行生成算法. 在模糊概念格方面, 张卓等通过简化了搜索空间表示、划分和遍历过程, 划分子搜索空间提出了 ParaFuNeC 算法 [16] 和基于负载均衡的模糊概念并行构造算法 [17].

4.2 属性拓扑的自下而上分解

在概念的计算过程中, 判别伪概念和重复概念的过程是非常耗时的, 良好的概念排序, 可以加快概念去伪去重的速度. 对于同一个形式背景, 其生成的概念格又是唯一的, 即生成概念格的结果不受对象和属性排列次序的影响. 因此, 通过一个合适的属性选取与排序规则, 有效地控制概念的生成顺序, 从而可以降低检验伪概念和重复概念过程中的计算复杂度. 当形式背景规模较大时, 求取概念的方法之一是先将形式背景拆分分别进行计算, 再进行概念的并置或叠置. 本章首先给出一种属性排序算法, 使父属性出现在其所有子属性之后; 然后按照这种属性排列顺序, 将属性拓扑自下而上的分解为多个子属性拓扑, 属性拓扑可以用于表示形式背景, 因此可以认为分解过程即完成了对形式背景的划分.

4.2.1 基于 Upper-set 和 Level 的属性排序

定义 4-1 设 $K = (G, M, I)$ 为一形式背景, $\forall m_i \in N \subseteq M$

$$m_i \to \mathrm{Up}\,(N, m_i) = \{m_i\} \bigcup \{m | g\,(m_i) \subset g\,(m)\,, \forall m \in N\} \tag{4-1}$$

性质 4-1 (1) $\forall m_i \in \mathrm{SupAttr}, \mathrm{Up}(N, m_i) = \{m_i\}$.

(2) $\forall m_i \in M, \mathrm{Parent}(m_i) \bigcap N \subset \mathrm{Up}(N, m_i)$.

(3) $\forall m_i \in M, \bigcup_i \mathrm{Up}(N, m_i) = N$.

(4) $\forall m_i \in M, g(\mathrm{Up}(N, m_i)) = g(m_i)$.

证明 (1) 根据顶层属性的定义

$$\forall \mathrm{Edge}(m_j, m_i) \neq \varnothing, \quad \forall \mathrm{Edge}(m_i, m_j) \neq \varnothing$$

又由 Edge 的定义, 必不存在属性 m_j 满足 $g(m_i) \subset g(m_j)$.

因此

$$\mathrm{Up}(N, m_i) = \{m_i\} \bigcup \{m | g(m_i) \subset g(m), \forall m \in N\} = \{m_i\} \bigcup \varnothing = \{m_i\} \qquad \square$$

(2) 如果 m_i 是顶层属性, $\mathrm{Parent}(m_i) \bigcap N = \varnothing$. 根据性质 4-1(1)

$$\mathrm{Parent}(m_i) \bigcap N = \varnothing \subset \{m_i\} = \mathrm{Up}(N, m_i)$$

如果 m_i 是伴生属性, $\forall m \in \mathrm{Parent}(m_i)$ 均满足 $g(m_i) \subset g(m)$. 又由定义式 (4-1) 得证.

又属性 m_i 不是顶层属性则必为伴生属性, 因此 $\forall m_i \in M$,

$$\mathrm{Parent}(m_i) \bigcap N \subset \mathrm{Up}(N, m_i) \qquad \square$$

(3) 由定义式 (4-1) 可知

$$\{m_i\} \subseteq \mathrm{Up}(N, m_i) \subseteq N$$

两边取并集

$$\bigcup_i m_i \subseteq \bigcup_i \mathrm{Up}(N, m_i) \subseteq N$$

即

$$N \subseteq \bigcup_i \mathrm{Up}(N, m_i) \subseteq N$$

因此

$$\bigcup_i \mathrm{Up}(N, m_i) = N \qquad \square$$

(4) 设 $m_{jk} \in N$ 是 m_i 的父属性, 即 $g(m_i) \subset g(m_{jk})$, 显然 $g(m_i) \bigcap g(m_{jk}) = g(m_i)$, 因此

$$g(\mathrm{Up}(N, m_i)) = g(\{m_i\} \bigcup (\mathrm{Parent}(m_i) \bigcap N))$$

$$= g(m_i) \bigcap g(m_{j1}) \bigcap g(m_{j2}) \bigcap \cdots \bigcap g(m_{jr})$$

$$= g(m_i) \bigcap g(m_{j2}) \bigcap \cdots \bigcap g(m_{jr})$$

$$= \cdots = g(m_i) \bigcap g(m_{jr}) = g(m_i) \qquad \square$$

定义 4-2　设 $K = (G, M, I)$ 为一形式背景, $\forall m \in M$, 可以定义 Level 映射 $\mathcal{L} : m \to N^0$

$$\mathcal{L}(m) = \begin{cases} 0, & \mathrm{Up}(M, m) - \{m\} = \varnothing \\ \mathcal{L}_{\max}(\mathrm{Up}(M, m) - \{m\}) + 1, & \mathrm{Up}(M, m) - \{m\} \neq \varnothing \end{cases} \qquad (4\text{-}2)$$

算法 4-1 属性的自下而上排序算法.

输入: 属性拓扑 $AT = (V, \text{Edge})$.

输出: 对属性集合 $M = V$ 的排序后的有序属性集合 P_m.

Step 1 $\forall m \in M$, 计算 $\text{Up}(M, m)$ 和 $\mathcal{L}(m)$.

Step 2 令 $P_m = \varnothing$.

Step 3 将属性 m 加入到有序属性集合 P_m 的最后.

$$\{m | \mathcal{L}(m) \geqslant \mathcal{L}(m'), \#\text{Up}(M, m) \leqslant \#\text{Up}(M, m'), \forall m' \in M - P_M\} \tag{4-3}$$

Step 4 若 $M - P_M = \varnothing$, 则输出有序属性集合

$$P_M = \{m_1, m_2, \cdots, m_i, \cdots, m_n\}$$

否则跳转到 Step 3.

其中集合 $\text{Up}(M, m)$ 中的元素包含了属性 m 的所有的父属性, Level 则描述了属性在属性拓扑中所处的层次. 对比文献 [18], $\text{Up}(M, m)$ 是属性动度的延伸, 当取 $V_G = M - P_M$ 时, $\#\text{Up}(M, m) = D_{dy}(m) + 1$. 算法 4-1 输出的有序属性集合中, 若父属性出现, 则它的所有子属性必然位于父属性之前, 这保留了文献 [18] 所述排序算法中便于父属性查找的优势. 由于加入了选取属性的层次限制, 使得在 V_G 发生变化时, 动度值并不发生变化, 从而使计算量得到了降低.

已知生物和水的属性拓扑 (图 2-3), 首先计算每个属性的 Upper-set 和 Level, 见表 4-1.

表 4-1 每个属性的 Upper-set 和 Level 值

	b	c	d	e	f	g	h	i
1	×					×		
2	×					×	×	
3	×	×				×	×	
4		×				×	×	×
5	×		×		×			
6	×	×	×		×			
7		×	×	×				
8		×	×		×			

算法最初, 令有序属性集合 $P_M = \varnothing$. 备选属性集合为 $M - P_M = M$, 而在备选属性集合中, 属性 i 满足式 (4-3), 则将属性 i 加入到有序属性集合中. 此时有序属性集合 $P_M = \{i\}$. 重复 Step 3 和 Step 4, 最后可以得到所有的有序属性集合 P_M, 所得有序属性集合 P_M 中的属性与 M 中的属性相同, 只是排列顺序不同.

$$P_M = \{i, e, f, h, d, g, b, c\} \tag{4-4}$$

对于一个形式背景或属性拓扑, 算法 4-1 的输出结果不是唯一的, 例如有序属性集合 $\{i, e, h, f, d, g, b, c\}$ 是另一种排序结果, 当存在多个属性满足选取条件时, 本章采用属性的自然顺序 (形式背景中属性所对应的列序号递增的顺序) 作为限制条件. 不同的排序结果会对计算性能造成一定的影响, 但这些不同的排列顺序, 不会影响到后续算法的讨论.

4.2.2　属性拓扑的自下而上分解

本节中给出的属性拓扑的分解方法, 可以作为普适性的属性拓扑分解方法. 此处输入的有序属性集合从直观上看, 在属性拓扑中的选取规则是自下而上的, 因此称为属性拓扑的自下而上分解方法 (bottom-up decomposition of attribute topology, BDAT). 通过属性拓扑的分解算法, 可以将具有 n 个属性的属性拓扑分解成 n 个子属性拓扑, 简称为子拓扑. 每个子拓扑都是原始拓扑的一部分. 在子拓扑中, 任意属性 m 都与一个固定的属性 m_0 有关, 这个固定的属性 m_0 称为中心属性, 对应的子拓扑称为以 m_0 为中心的子属性拓扑.

算法 4-2　属性拓扑的自下而上分解算法 (自下而上的子属性拓扑生成算法).

输入:

(1) 属性拓扑 $\mathrm{AT} = (V, \mathrm{Edge})$;

(2) 由算法 4-1 获得的确定的有序属性集合;

(3) 中心属性 m_i.

输出: 以属性 m_i 为中心的子属性拓扑 $\mathrm{AT}_i = (V_i, E_i)$

Step 1　构造两个集合 M_{i0} 和 M_{i1}

$$M_{i0} = \bigcup_{q=1}^{i-1} m_q \tag{4-5}$$

$$M_{i1} = M - M_{i0} = \bigcup_{q=i}^{n} m_q \tag{4-6}$$

Step 2　选取顶点集合

$$V_i = \{m \in M_{i1} | \mathrm{Edge}(m, m_i) \neq \varnothing \text{或} \mathrm{Edge}(m_i, m) \neq \varnothing\} \tag{4-7}$$

Step 3　复制顶点之间的边

$$E_i(,) = \mathrm{Edge}(,) \tag{4-8}$$

Step 4　输出以属性 m_i 为中心的子属性拓扑 $\mathrm{AT}_i = (V_i, E_i)$

算法中的式 (4-7) 说明, 在构造以有序属性集合中第 i 个属性 m_i 为中心的子属性拓扑时, 已不再考虑排在第 i 位之前的属性; 算法中的式 (4-8) 说明, 选定顶点之间的关联没有发生任何变化, 在子拓扑中和原始拓扑是一样的, 这确保了概念的不丢失性.

虽然在实现属性拓扑的自下而上分解算法时, 需要首先完成对属性的排序, 但从算法 4-2 中可以发现, 一旦属性的优先级顺序确定后, 每个子属性拓扑可以同时独立地被生成, 因此算法 4-2 也称为自下而上的子属性拓扑生成算法. 在每个子属性拓扑中, 所有的属性都与中心属性相关, 并且所有的边不需要重新计算, 因此这个算法是非常迅速的.

设 $\mathrm{AT} = (V, \mathrm{Edge})$ 为一属性拓扑, 对应的形式背景为 $K = (G, M, I)$, 其中 $V = M = \{m_1, m_2, \cdots, m_n\}$. 则在每个子属性拓扑中的顶点数不超过 $\#\mathrm{SupAttr} + 1$ 个. 对比文献 [19], 使用 BDAT 算法分解得到的子拓扑更加细小、更具有可控性.

已知生物和水的属性拓扑如图 2-3 所示, 有序属性集合 $P_M = \{i, e, f, h, d, g, b, c\}$. 在求以属性 d 为中心的子属性拓扑时, 易知 $P(d) = 5$, 根据式 (4-5) 和式 (4-6) 可得

$$M_{i0|i=5} = \bigcup_{q=1}^{4} m_q = \{i, e, f, h\}$$

$$M_{i1|i=5} = \bigcup_{q=5}^{8} m_q = \{d, g, b, c\}$$

由于 $\mathrm{Edge}(g, d) = \varnothing$ 且 $\mathrm{Edge}(d, g) = \varnothing$, 根据式 (4-7) 可得

$$V_{i|i=5} = \{b, c, d\}$$

画出所有的边

$$E_{i|i=5}(,) = \mathrm{Edge}(,)$$

最后得到子属性拓扑为

$$\mathrm{AT}_5 = (V_5, E_5)$$

同理可以得到以每个属性为中心的子属性拓扑, 此处不在复述生成过程, 仅将所有的子属性拓扑绘于图 4-1 中.

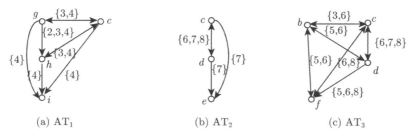

(a) AT_1　　　　　　　　(b) AT_2　　　　　　　　(c) AT_3

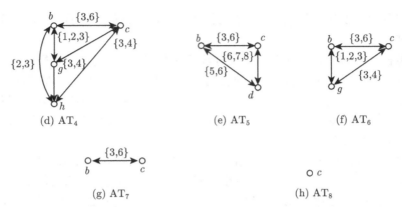

图 4-1　分别以属性 i, e, f, h, d, g, b, c 为中心的子属性拓扑

4.3　BDAT 的子属性拓扑约简

属性拓扑是以属性为顶点的有向图, 直观地表示了属性对之间的关联关系和关联强度. 结合图理论, 在属性拓扑中概念的生成对应经过内涵中所有对象的路径, 而外延则是这些边上权值的交集. 第 2 章已经将原始形式背景的划分为多个子拓扑, 本章将通过讨论属性组合与概念之间的关系, 并在不丢失概念的前提下, 给出一种子拓扑约简算法.

定理 4-1　若 $(A, B) \in \mathfrak{B}(K)$, $m_j \in B$, 则 $\forall m_i \in \mathrm{Parent}(m_j)$, $m_i \in B$.

证明　使用反证法, 假设 $m_i \notin B$, 由于

$$m_j \in B, B \subseteq M$$

因此 $(A, B) \in \mathfrak{B}(K)$ 等价于 $(A, B\bigcup m_j) \in \mathfrak{B}(K)$.

又 $m_i \in \mathrm{Parent}(m_j)$, 即 $g(m_j) \subseteq g(m_i)$, 则

$$A = g(B\bigcup m_j) = g(B)\bigcap g(m_j) = g(B)\bigcap g(m_j)\bigcap g(m_i) = g(B\bigcup m_j\bigcup m_i)$$

即

$$(A, B\bigcup m_j) = (A, B) \notin \mathfrak{B}(K)$$

与题设不符, 因此假设 $m_i \notin B$ 不成立, 即 $m_i \in B$.　　　　　　　　□

定理 4-2　若 $\mathrm{Edge}(m_i, m_j) = \mathrm{Edge}(m_j, m_i) = \varnothing$, $(A, B) \in \mathfrak{B}(K) - \{(\varnothing, M)\} - \{(G, \varnothing)\}$, 则 $\forall m_i \in B$, $\forall m_j \in M$, $m_j \notin B$.

证明　使用反证法, 假设 $m_j \in B$, 由于

$$m_i \in B, \quad m_j \in B, \quad B \subseteq M$$

因此

$$(A, B \bigcup m_i \bigcup m_j) \in \mathfrak{B}(K) - \{(\varnothing, M)\} - \{(G, \varnothing)\}$$

因为

$$A = g(B \bigcup m_i \bigcup m_j) = g(B) \bigcap g(m_i) \bigcap g(m_j)$$

又

$$\mathrm{Edge}(m_i, m_j) = \mathrm{Edge}(m_j, m_i) = \varnothing$$

则

$$g(m_i) \bigcap g(m_j) = \varnothing$$

$$A = \varnothing$$

因此

$$(A, B \bigcup m_i \bigcup m_j) = (A, B) \notin \mathfrak{B}(K) - \{(\varnothing, M)\} - \{(G, \varnothing)\}$$

与题设不符, 因此假设 $m_j \in B$ 不成立, 即 $m_j \notin B$. □

4.3.1 BDAT 与概念之间的关联

设 $\mathrm{AT} = (V, \mathrm{Edge})$ 为一属性拓扑, 其对应的形式背景为 $K = (G, M, I)$. 自下而上排序的有序属性集合为 $P_M = \{m_1, m_2, \cdots, m_n\}$(算法 4-1). 为了便于描述, 将所有概念中去除外延为空集和内涵为空集的两个概念所得的集合记 $\mathfrak{B}(K)$. 由于属性拓扑和形式背景是对应的, 因此 $\mathfrak{B}(K)$ 也可记为 $\mathfrak{B}(AT)$. 在生成每个子属性拓扑时得到的属性集合和子属性拓扑分别为 M_{i0}, M_{i1} 和 AT_i(算法 4-2). 则 $\mathfrak{B}(K)$ 可以表示为

$$\mathfrak{B}(K) = \mathfrak{B}_1(K) + \mathfrak{B}_2(K) + \cdots + \mathfrak{B}_n(K) \tag{4-9}$$

其中

$$\mathfrak{B}_i(K) = \{(A, B) \in \mathfrak{B}(K) | m_i \in B, M_{i0} \bigcap B = \varnothing, A \subseteq G, B \subseteq M\}$$

定理 4-3 $\mathrm{Up}(M_{i1}, m_i) = \mathrm{Up}(M, m_i)$ 一定是一个概念的外延.

证明 (1) $\mathrm{Up}(M_{i1}, m_i) = \mathrm{Up}(M, m_i)$ 是显而易见的.

(2) 若 m_i 为顶层属性, $\mathrm{Up}(M_{i1}, m_i) = \{m_i\}$, 又由顶层属性一定是某个概念的内涵, 得证.

(3) 若 m_i 为伴生属性,

$$f(g(\mathrm{Up}(M_{i1}, m_i))) = f(g(m_i)) = \{m \in M | \forall u \in g(m_i), (u, m) \in I\}$$
$$= \{m \in \mathrm{Up}(M_{i1}, m_i) | \forall u \in g(m_i), (u, m) \in I\}$$
$$\bigcup \{m \in M - \mathrm{Up}(M_{i1}, m_i) | \forall u \in g(m_i), (u, m) \in I\}$$

对于 $\forall m \in \mathrm{Up}(M_{i1}, m_i)$, $g(m_i) \subseteq g(m)$, 即

$$(u, m) \in I, \quad \forall u \in g(m_i), \quad \forall m \in \mathrm{Up}(M_{i1}, m_i)$$

对于 $\forall m \in M - \mathrm{Up}(M_{i1}, m_i)$, $g(m_i) \subseteq g(m)$ 不成立, 即

$$(u, m) \notin I, \forall m \in M - \mathrm{Up}(M_{i1}, m_i), \forall u \in g(m_i)$$

因此

$$f(g(\mathrm{Up}(M_{i1}, m_i))) = \mathrm{Up}(M_{i1}, m_i) \bigcup \varnothing = \mathrm{Up}(M_{i1}, m_i)$$

结合 (1-2) 和 (2-1). □

定理 4-4　若 $(A, B) \in \mathfrak{B}_i(K)$, 则 $(A, B) \in \mathfrak{B}(\mathrm{AT}_i)$.

证明　由于 AT_i 包含所有与 m_i 相关的属性, 并保留了所有属性之间的关联和关联强度, 所以根据定理 4-2 此命题得证. □

定理 4-5　若 $(A, B) \in \mathfrak{B}(\mathrm{AT}_i)$, $\{X | g(X) \bigcap g(m_i) \in 2^{g(m_j)}, \forall X \in V_i, \forall m_j \in M_{i0}\} \in B$, 则有 $(A, B) \notin \mathfrak{B}_i(K)$.

证明　假设 $X \in V_i$, $m_j \in M_{i0}$ 满足

$$g(X) \bigcap g(m_i) \in 2^{g(m_j)}$$

即

$$g(X) \bigcap g(m_i) \subseteq g(m_j)$$

因此

$$g(X) \bigcap g(m_i) = g(X) \bigcap g(m_i) \bigcap g(m_j)$$

由算法 4-2 可知, $B \subseteq M_{i1}$. 因为 $m_j \in M_{i0}$, $m_j \notin M_{i1}$, 对于 $\forall (A, B) \in \mathfrak{B}(\mathrm{AT}_i)$, 满足

$$\{X | g(X) \bigcap g(m_i) \in 2^{g(m_j)}, \quad \forall X \in V_i, \forall m_j \in M_{i0}\} \in B$$

则

$$B \subset B \bigcup m_j \subseteq f(g(B))$$

即

$$(A, B) \notin \mathfrak{B}_i(K)$$ □

定理 4-6　若 $(A, B) \in \mathfrak{B}(\mathrm{AT}_i)$, $\{\bigcup X_i | g(\bigcup X_i) \bigcap g(m_i) \in 2^{g(m_j)}, \forall X_i \in V_i, \forall m_j \in M_{i0}\} \in B$, 则有 $(A, B) \notin \mathfrak{B}_i(K)$.

证明方法与定理 4-4 类似, 此处略过.

定理 4-7　若 $\mathcal{L}(m_j) > \mathcal{L}(m_i) + 1$, 则存在 $m_k \in M_{i0}$, 满足

$$\begin{cases} g(m_j) \subset g(m_k) \subset g(m_i) \\ \mathcal{L}(m_k) = \mathcal{L}(m_i) + 1 \end{cases}$$

使得

$$2^{g(m_j)} \subset 2^{g(m_k)}$$

4.3.2　BDAT 子拓扑的约简

由定理 4-4 至定理 4-7 以及定理 4-1 可知, 由 BDAT 所得的子属性拓扑可以在不丢失概念的条件下, 约简掉冗余信息, 以进一步降低子拓扑的规模.

算法 4-3　子属性拓扑的约简.

输入:

(1) 由算法 4-2 所得的以属性 m_i 为中心的子属性拓扑 AT_i;

(2) 由算法 4-2 所得的属性集合 M_{i0} 和 M_{i1};

(3) 由算法 4-1 所得的 $\mathrm{Up}(M_{i1}, m_i)$.

输出: 以属性 m_i 为中心的约简子属性拓扑 $\overline{\mathrm{AT}_i}$.

Step 1　若 $V_i - \mathrm{Up}(M_{i1}, m_i) = \varnothing$, 则输出 $\overline{\mathrm{AT}_i} = (\varnothing, \varnothing)$, 算法退出.

Step 2　约简属性拓扑中的顶点属性.

Step 2.1　令 $S_i = \{\mathrm{Up}(M_{i1}, m_i) \bigcup m | \forall m \in V_i - \mathrm{Up}(M_{i1}, m_i)\}$.

Step 2.2　$\forall a, b \in S$, 且 $g(a) = g(b)$, 则令 $S_i = S_i - \{a\} - \{b\} + \{a \bigcup b\}$.

Step 2.3　令 $\overline{V_i} = S_i - \{m | g(m) \in 2^{g(m_k)}, \forall m \in S_i, \forall m_k \in \overline{M_{i0}}\}$, 其中

$$\overline{M_{i0}} = \{m | \mathcal{L}(m) \leqslant \mathcal{L}(m_i) + 1, E(m_i, m) \neq \varnothing, \forall m \in M_{i0}\}$$

Step 3　约简属性拓扑中的边.

Step 3.1　根据 Step 2 属性合并规则计算新的边上的权值 $\overline{E_i}$.

Step 3.2　$\forall m_i, m_j \bigcup \overline{V_i}$, 若 $\overline{E_i(m_i, m_j)} \in 2^{g(m_k)}$, $m_k \in \overline{M_{i0}}$, 则标记 $\overline{E_i(m_i, m_j)}$ $= \varnothing$.

注　此处标记 $\overline{E_i(m_i, m_j)} = \varnothing$ 意味着属性 m_i 和 m_j 不能同时出现.

Step 4　输出以属性 m_i 为中心的约简子属性拓扑 $\overline{\mathrm{AT}_i}$, 算法结束.

定理 4-8　若 $(A, B) \in \mathfrak{B}(\overline{\mathrm{AT}_i})$, 则 $(A, B) \in \mathfrak{B}_i(K) - (g(m_i), \mathrm{Up}(M_{i1}, m_i))$.

证明　(1) 对于 $\forall (A, B) \in \mathfrak{B}(\overline{\mathrm{AT}_i})$, 假设 $(A, B) \in \mathfrak{B}(\overline{\mathrm{AT}_j})$, $j > i$. 由于 $m_i \in B, m_i \notin B_1$, 所以 $\forall (A, B) \in \mathfrak{B}(\overline{\mathrm{AT}_j})$.

(2) 对于 $\forall (A, B) \in \mathfrak{B}(\overline{\mathrm{AT}_i})$, 假设 $(A, B_0) \in \mathfrak{B}(\overline{\mathrm{AT}_k})$, $k < i$. 由命题 4-4 可知, $A \notin 2^{g(m_k)}$, 因此 $\forall (A, B_2) \in \mathfrak{B}(\overline{\mathrm{AT}_k})$

结合定理 4-4 至命题 4-7, $(A, B) \in \mathfrak{B}_i(K) - (g(m_i), \mathrm{Up}(M_{i1}, m_i))$.　　□

接下来用以属性 h 为中心的子属性拓扑 AT_4 为例, 计算约简子属性拓扑. 根据上面的例子和定义可得

$$V_4 = \{b, c, g, h\}$$

$$\mathrm{Up}(M_{41}, h) = \{g, h\}$$

由于 $V_4 \neq \mathrm{Up}(M_{41}, h)$, 因此, $S_h = \{gh \bigcup b, gh \bigcup c\}$, 其中

$$g(gh \bigcup b) = \{2, 3\}$$

$$g(gh \bigcup c) = \{3, 4\}$$

则

$$\overline{M_{40}} = \{i\}$$

由于

$$g(gh \bigcup b) \notin 2^{g(i)}, \quad g(gh \bigcup c) \notin 2^{g(i)}$$

则

$$\overline{V_4} = \{bgh, cgh\}$$

$$\overline{E_4}(bgh, cgh) = \overline{E_4}(cgh, bgh) = \{3\}$$

此时, 得到以属性 h 为中心的约简子属性拓扑 $\overline{AT_4} = (\overline{V_4}, \overline{E_4})$.

由于在子属性拓扑中, $\forall m \in \mathrm{Up}(M_{i1}, m_i) - \{m_i\}$, 都必然存在一条单向指入中心属性的边, 因此算法 4-3 中的 Step 1 以及 Step 2.1 可以通过拓扑的可视化操作完成, 如图 4-2 所示.

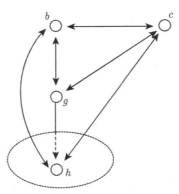

图 4-2   算法 4-3 Step 1 和 Step 2.1 中公式与拓扑可视化描述

由于子属性拓扑的约简过程是类似的, 此处不再复述, 在生物和水的 8 个约简子属性拓扑中, $\overline{AT_1} = \overline{AT_2} = \overline{AT_8} = (\varnothing, \varnothing)$, 其他的约简子拓扑如图 4-3 所示.

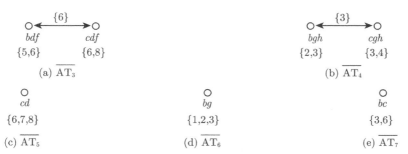

图 4-3 生物和水中所有的非空约简子属性拓扑

从生物和水的示例中可知, 原始的形式背景 (表 1-1) 规模为 64=8×8, 经过 BDAT 分解和约减后的形式背景总规模为 15=2×3+2×3+1×1+1×1+1×1.

BDAT 的子拓扑约简的一个优点是, 可以在不丢失概念的条件下, 降低了子拓扑的规模, 使得概念计算速度进一步提升. 由于属性拓扑描述的是属性间的关系, 相当于对形式背景的升维操作, 可以更加容易地去除与求取形式概念. 结合定理 4-4 至定理 4-8 可知, 这种约简算法的另一个优点是, 各个子拓扑中求取的形式概念在原始的形式背景中仍然满足概念的条件, 即无需进行去伪操作. 又由于特定的分解方法, 使得子拓扑中求取的形式概念不会产生重复.

4.4 基于 BDAT 的并行概念计算算法

由 BDAT 算法以及对 BDAT 所得的子拓扑进行约简的算法可知, 这些算法在考虑以某个属性为中心的条件下, 各个子属性拓扑的生成和约简可以独立无交互的并行完成. 同时, 讨论了 BDAT 与概念之间的关系, 本节将依托于上文提出的算法, 给出一种基于 BDAT 的并行概念计算算法.

算法 4-4 基于 BDAT 的并行概念计算算法.

输入: 属性拓扑 $AT = (V, \text{Edge})$.

输出: 所有的形式概念.

Step 1 根据算法 4-1, 对所有的属性进行排序.

$$P_M = \{m_1, m_2, \cdots, m_n\}$$

Step 2 对于每个属性 m_i.

(1) 根据算法 4-2, 生成子属性拓扑 AT_i.

(2) 根据算法 4-3, 对子属性拓扑 AT_i 进行约简, 得到 $\overline{AT_i}$.

(3) 计算 $\overline{AT_i}$ 中所有的概念, 记为 $\mathfrak{B}(\overline{AT_i})$.

(4) 返回概念集合 $\mathfrak{B}(\overline{AT_i}) \bigcup (g(m_i), \text{Up}(M_{i1}, m_i))$.

Step 3　对每个返回的概念集合, 得到所有的概念.

$$\mathfrak{B}(K) = (\varnothing, M)\bigcup(G, \varnothing)\bigcup(\bigcup_i(\mathfrak{B}(\overline{\mathrm{AT}_i})\bigcup(g(m_i), \mathrm{Up}(M_{i1}, m_i))))$$

正如在 4.3 节分析的, 实现算法中 Step2(3) 概念计算依赖于属性拓扑对形式背景中的升维操作, 需要由约简子属性拓扑计算出所有的形式概念. 因此这步计算可以使用任意的基于属性拓扑的概念计算方法; 也可以只使用递归反复调用 BDAT 算法, 直到得到的约简子属性拓扑形成完全图或孤立的属性顶点; 同样, 可以先递归调用 BDAT 算法, 直到到达预先指定的最大递归调用层数 $\mathrm{RL_{max}}$, 以获得与计算性能相匹配的独立支路数, 然后对每条支路使用其他的基于属性拓扑的概念计算方法进行计算. 完全递归的方法可以被视为混合算法中的最大递归调用层数 $\mathrm{RL_{max}}$=INFINITE. 如果要使用其他形式概念方法, 则需要将约简操作影响的属性对进行标记, 以便做额外的处理.

算法 4-4 的流程图如图 4-4 所示.

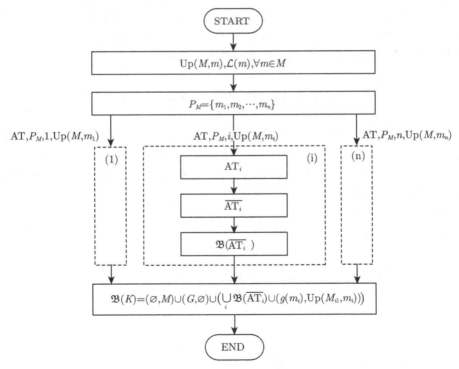

图 4-4　算法 4-4 的流程图

一个良好的并行计算算法, 应该将计算所有概念的复杂度尽可能地平分给不同的处理过程. 在将所有概念计算完成之前, 形式概念的分布情况是不能预知的, 因此很难将复杂度平均的分发给各个线程. 而在 BDAT 分解过程中, 属性拓扑的分解和子属性拓扑的约简算法限制了最终拓扑的大小. 对于以伴生属性为中心的约简子属性拓扑中, 其中的属性顶点数不会超过#SupAttr; 对于以顶层属性为中心的约简子属性拓扑中, 其中的属性顶点数必小于#SupAttr, 并且以有序属性集合的顺序, 其约简子属性拓扑的大小是越来越小的. 考虑到形式概念数大致与形式背景的大小呈指数型关系增长, 因此, 我们可以大致地认为, 约简子属性拓扑的概念计算复杂度随着顶层属性的排序逐渐递减. 则在线程有限的情况下, 按照有序属性集合中的顺序, 首先计算以伴生属性为中心的子属性拓扑, 然后通过适当的分配顶层属性为中心的子属性拓扑, 可以使不同线程的负载尽可能均衡, 这使得 BDAT 算法更适合并行计算.

本节中使用生物和水的属性拓扑作为数据源, 在 4.3.2 小节中, 已经求解出以每个属性为中心的各个约简子属性拓扑 (图 4-3), 只需计算出每个约简子属性拓扑的所有概念, 再根据定理 4-3, 由 8 个中心属性构成的 8 个概念, 通过简单的并集运算, 即可得到没有重复概念和伪概念的全体形式概念集合 (表 4-2).

表 4-2 使用 BDAT 算法计算出的生物和水的形式概念

编号	外延	内涵	来源	编号	外延	内涵	来源
1	4	c, g, h, i	中心属性 i	11	5, 6, 7, 8	d	中心属性 d
2	7	c, d, e	中心属性 e	12	6, 7, 8	c, d	顶层属性 $\overline{AT_5}$
3	5, 6, 8	d, f	中心属性 f	13	1, 2, 3, 4	g	中心属性 g
4	6, 8	c, d, f	顶层属性 $\overline{AT_3}$	14	1, 2, 3	b, g	顶层属性 $\overline{AT_6}$
5	5, 6	b, d, f	顶层属性 $\overline{AT_3}$	15	1, 2, 3, 5, 6	b	中心属性 b
6	6	b, c, d, f	生成概念 $\overline{AT_3}$	16	3, 6	b, c	顶层属性 $\overline{AT_7}$
7	2, 3, 4	g, h	中心属性 h	17	3, 4, 6, 7, 8	c	中心属性 c
8	3, 4	c, g, h	顶层属性 $\overline{AT_4}$	18	∅	$b, c, d, e,$ f, g, h, i	全局概念
9	2, 3	b, g, h	顶层属性 $\overline{AT_4}$	19	1, 2, 3, 4, 5, 6, 7, 8	∅	全局概念
10	3	b, c, g, h	生成概念 $\overline{AT_4}$				

4.5 实验结果与分析

为了验证本章提出的并行形式概念计算算法的正确性, 并评估并行概念计算算法的效率, 本节实验中选取了五个数据集, 除了典型的形式背景生物和水 (Living Beings and Water) 之外, 还选取了四组来自 UCI 的数据集, Balance Scale[20], Tic tac toc[21], Mushroom[22] 和 Nursery[23]. 这些数据集大多是多值的, 因此实验前需要首先将它们转化为二值背景, 然后经过预处理去除冗余的对象和属性, 得到净化后的二值形式背景 (表 4-3).

为了更好地研究本章提出的算法, 使用 C++ 编写设计了一个测试性的基于

BDAT 概念计算程序. 本节实验在相同的硬件和软件环境下 (表 4-4), 测试三种不同的形式概念计算算法, 这三种不同的算法是:

(1) Krajca Petr 提出的并行递归算法 PCbO;

(2) 本章提出的基于 BDAT 的并行计算算法, 工作在单线程递归模式, 本实验中简写为 BDAT/s;

(3) 本章提出的基于 BDAT 的并行计算算法, 工作在多线程递归模式, 本实验中简写为 BDAT/p.

表 4-3   实验中使用的二值形式背景

编号	名称	对象数	属性数	复杂度	概念数
1	Living Beings and Water	8	8	0.41	19
2	Balance Scale	625	23	0.22	2106
3	Tic tac toc	958	28	0.34	52717
4	Mushroom	2744	79	0.20	47458
5	Nursery	12960	27	0.30	115201

表 4-4   实验的硬件和软件环境

名称	型号	核心参数
CPU/L2	Intel Core i3-3220	3.30GHz/512K
内存	Kingston	4GB/1600MHz
硬盘	Seagate	500G/7200RPM
操作系统	Windows 10	x64
编译平台	Visual Studio	2013

其中第一种 PCbO 并行递归算法的源码来自 sourceforge 中提供的符合 GPL V2 标准的 C 语言代码, 实验中将其作为本章算法的对比算法, 在开源协议条款的允许下, 在代码的入口和出口添加了必要的时间监测, 以获取该算法的运行时间. 算法执行中设置的参数均设置为作者建议的参数:

(1) 线程数设置为 4, 因为代码文档中指出, 通常情况下, 线程数设置为 CPU 内核的两到三倍;

(2) 其他的参数均保留其默认值.

对于属性拓扑中的完全连接图而言, 任意属性的组合都将构成一个形式概念的内涵, 无需进行递归调用, 但受限于作者的编程水平, 用于测试的 BDAT 算法程序在递归分解的过程中, 没有充分利用完全连接图的优势特征, 而是将每一个拓扑分解成完全隔离的结点, 因此, 测试数据显示的是 BDAT 算法中最坏的情况. 这个程序不但能帮我们验证本章提出形式概念并行计算结果的正确性, 同时也将通过代码监视程序运行的时间, 即计算所有概念所消耗的时间, 以评估本章提出算法的计算性能.

在进行实验时, 考虑到算法的运行时间将会受到系统中其他进程的影响, 为了减小实验的偶然误差, 提高计算时间记录的准确性, 每种算法分别对每个数据集进行了 10 次测试, 最后对这 10 次记录的时间监视数据求取平均值, 作为最终的算法运行时间 (表 4-5). 通过实验结果比对, 这三种算法输出的概念集合是一致的, 验证了本章提出的基于 BDAT 的形式概念并行计算算法的正确性.

表 4-5 输入不同形式背景时不同算法计算所有形式概念所消耗的时间

编号	形式背景	PCbO/ms	串行/ms	并行/ms	并串比	递归次数	速度提升
1	Living Beings and Water	0.0	0.1	0.5	500%	3	—
2	Balance Scale	6.4	5.3	4.1	77.36%	4	35.94%
3	Tic tac toc	163.4	193.5	113.4	58.60%	9	30.60%
4	Mushroom	229.0	260.3	143.8	55.24%	10	37.21%
5	Nursery	360.3	1275.9	599.1	46.96%	8	−66.28%

结合实验数据进行分析, 可以得出以下结论:

在生物和水的背景中, BDAT 算法慢于 PCbO, 且表现出串行优于并行的现象 (图 4-5(a)). 虽然在示例中, 经过 BDAT 的分解和约简使子拓扑的规模得到降低, 但以此减少的概念计算时间并没有抵消属性拓扑的构建、分解、约简和线程操作所占用的时间.

实验中同时处理的线程数受到单机 CPU 的限制, 假设同时处理的线程数无限多, 则形式背景中的属性数越多, 概念计算速度越快. 对于 Nursery 背景, 其规模较大但只有 27 个属性, 每个线程需要处理大量的数据, 因此 BDAT 算法并没有表现出优势 (图 4-5(e)). 而对于其他三个形式背景, BDAT 算法要优于 PCbO 算法, 速度提升在 30% 以上 (图 4-5(b), (c), (d)).

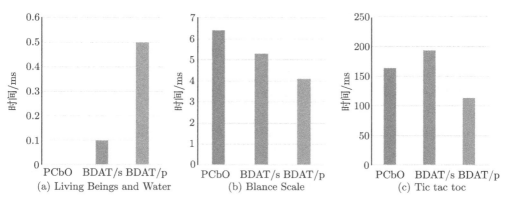

(a) Living Beings and Water   (b) Blance Scale   (c) Tic tac toc

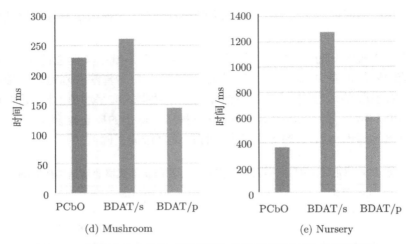

图 4-5　在不同形式背景下不同算法的计算平均时间 (后附彩图)

随着形式背景规模的增大, BDAT 的并行计算开始表现出优势, 即并行串行时间比呈现递减趋势, 最后将近似趋于一个常数, 这个常数与 CPU 的核数有关, 如图 4-6 所示.

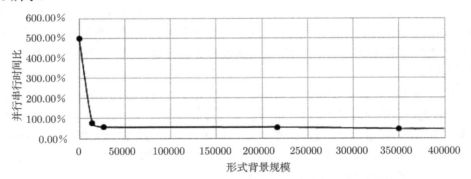

图 4-6　并行串行时间复杂度比值随形式背景规模的曲线示意图

假定形式背景的规模相同, 属性拓扑的结构将是影响计算性能的关键因素, 现在已知的是顶层属性的个数将限制子属性拓扑的规模. 在形式背景规模达到或超过系统底层操作的影响可忽略的规模时, 随着顶层属性所占比例的递增, BDAT 计算性能的曲线将呈现先上升后下降的趋势. 更微观地说, 每个属性的 Level 将对整体性能产生不同程度的影响.

但我们暂时无法预知分解后的属性拓扑结构, 因此有关拓扑结构的计算和评估将是之后研究的方向之一, 以便进一步确认 BDAT 算法的适应范围.

4.6 本 章 小 结

本章通过完成进行自下而上的属性拓扑分解以及子拓扑的约简, 提出了一种基于属性拓扑的并行概念计算方法, 从理论和实验中验证了这种方法可以准确、快速、可视化地完成全部形式概念的计算. 当形式背景规模较大且对象数较少时, 该算法的速度比 PCbO 算法提升 30% 左右, 我们可以使用背景的转置使本章算法适应形式背景规模较大且属性数较小的情况. 本章的实验仍具有一些不足之处, 之后研究的重点将包括: 继续寻找属性排序中的约束条件, 以替换本章中当有多个属性同时满足条件时, 按自然顺序选取的不足; 测试程序的代码优化, 如引入完全图的特性, 以监测更加准确的算法运行时间; 研究拓扑结构与概念计算性能的关系, 以更加精确地确认本章算法的适应范围. 随着并行能力和大数据分析需求的增加, 本章算法将丰富属性拓扑理论, 并为其在大规模背景中的形式概念分析和属性拓扑发展提供基础.

参 考 文 献

[1] Ganter B, Wille R. Formal Concept Analysis: Mathematical Foundations[M]. Berlin: Springer, 1998.

[2] 孙小兵, 李云, 李必信, 等. 形式概念分析在软件维护中的应用综述 [J]. 电子学报, 2015, 43(7):1399–1406.

[3] Shao M W, Yang H Z, Wu W Z. Knowledge reduction in formal fuzzy contexts[J]. Knowledge-Based Systems, 2015, 73: 265–275.

[4] Kumar S P, Kumar C A, Li J. Knowledge representation using inter-val-valued fuzzy formal concept lattice[J]. Soft Computing, 2015: 1–18.

[5] Li J H, Mei C, Wang J, et al. Rule-preserved object compression in formal decision contexts using concept lattices[J]. Knowledge-Based Systems, 2014, 71: 435–445.

[6] Li X, Luo J, Shi A. An improved data mining algorithm based on concept lattice[C]//Proceedings of the 2nd International Conference on Computer Science and Electronics Engineering. Atlantis Press, 2013.

[7] Kaytoue M, Codocedo V, Buzmakov A, et al. Pattern Structures and Concept Lattices for Data Mining and Knowledge Processing[M]//Machine Learning and Knowledge Discovery in Databases. Springer International Publishing, 2015: 227–231.

[8] Kumar S P, Kumar C A, Li J H. Knowledge representation using inter-val-valued fuzzy formal concept lattice[J]. Soft Computing, 2015: 1–18.

[9] Bhatnagar R, Kumar L. An efficient map-reduce algorithm for computing formal concepts from binary data[C]//Big Data (Big Data), 2015 IEEE International Con-

ference on. IEEE, 2015: 1519–1528.

[10] Kengue J F D, Valtchev P, Djamegni C T. A Parallel Algorithm for Lattice Construction[M]//Ganter B, Godir R. Formal Concept Analysis. Berlin, Heidelberg: Springer, 2005: 249–264.

[11] Krajca P, Outrata J, Vychodil V. Parallel recursive algorithm for FCA[C]//CLA. 2008: 71–82.

[12] Krajca P, Vychodil V. Distributed Algorithm for Computing Formal Concepts Using Map-reduce Framework[M]//Adams N M, Robardet C, Siebes A, et al. Advances in Intelligent Data Analysis VIII. Berlin, Heidelberg: Springer, 2009: 333–344.

[13] 董辉, 马垣, 宫玺. 一种新的概念格并行构造算法[J]. 计算机科学与探索, 2008, 2(6):651–657.

[14] 马驰. 基于闭包系统划分的概念格并行构造算法[J]. 中国管理信息化, 2009, 12(21):20–24.

[15] 马冯, 曾志勇, 余建坤. 分布式概念格的纵向合并方法研究[J]. 计算机工程与应用, 2011, 47(34):68–71.

[16] 张卓, 柴玉梅, 王黎明, 等. 模糊形式概念并行构造算法[J]. 模式识别与人工智能, 2013(3): 260–269.

[17] 张卓, 杜鹃, 王黎明. 基于负载均衡的模糊概念并行构造算法[J]. 控制与决策, 2014(11): 1935–1942.

[18] Bai D, Zhang T, Wei X. Attributes-sorting algorithm based on attribute degree[J/OL]. Computer Engineering & Applications, 2015.

[19] Wray T, Eklund P. Using formal concept analysis to create pathways through museum collections[J]. Faculty of Engineering & Information Sciences-papers, 2014.

[20] Gharehchopogh F S, Khaze S R. Data mining application for cyber space users tendency in blog writing: a case study[J]. arXiv preprint arXiv:1307.7432, 2013.

[21] Klahr D, Siegler R S. The representation of children's knowledge[J]. Advances in child development and behavior, 1978, 12:62–116.

[22] Lincoff G H. The audubon society field guide to North American mushrooms[R]. 1989.

[23] Zupan B, Bohanec M, Bratko I, et al. Machine learning by function decomposition[C]//ICML. 1997: 421–429.

[24] Zhi H L. Extended Model of Formal Concept Analysis Oriented for Heterogeneous Data Analysis[J]. Tien Tzu Hsueh Pao/acta Electronica Sinica, 2013, 41(12):2451–2455.

第5章 增量式概念认知学习

5.1 引　　言

随着大数据时代的到来, 如何实现对海量数据的有效分析和处理, 得到了广泛的关注与研究. 随着时间的推移与变化, 数据会不停地发生更新、增量和改变, 造成数据规模的不断膨胀和积累, 对于基于大数据的学习和更新操作, 传统的数据挖掘技术 [1–3] 效率难以提高, 增量式学习计算的优势呼之欲出. 人类对陌生事物的认知 [4] 过程, 是一种串行认知模型, 是从无到有的增量式学习过程, 即在新的数据到来时, 不需要重新对已有的数据全部重新学习, 而是直接在已有的学习成果基础上仅做由于新增数据所引起更新. 增量式学习避免了海量数据动态增加引起的重复学习, 只需修改因新增数据变化而影响的部分数据, 大大减少了学习时间, 提高学习效率.

形式概念分析理论 [5,6] 如此成功的原因之一在于形式背景中的数据往往是从现实中提取的. 概念格作为形式概念分析理论中的核心数据结构, 其构造效率一直是制约应用过程的关键问题. 在第 3 章和第 4 章中, 我们已经了解到属性拓扑在计算形式概念 [7–9] 上的能力, 分别描述了串行概念搜索和面对大规模形式背景所提出的并行算法. 在实际中, 罗马建成并非一日之功, 形式背景也是如此, 需要一步步逐渐地积累所得. 在本章中, 我们将以增量式学习的思路进行基于属性拓扑的概念计算, 带领大家搭乘属性拓扑的交通工具进入罗马的建设之中一探究竟.

渐进式算法是形式概念计算中的一类算法. 传统的渐进式算法以 Godin 算法 [10] 为代表, 主要通过内涵的交来对概念进行处理, 其他算法主要是以 Godin 为核心的优化算法. 如余远等 [11] 提出了使用上确界函数跟踪与概念格中的概念具有相同内涵的最大概念, 简化生成元判断过程, 有效的定位了生成元和新概念. 由于寻找最大概念的过程与概念格中的父结点个数有关, 该算法缩小了寻找新生结点父结点时的搜索范围, 提高了概念格的构造速度. 谢志鹏等 [12] 提出的增量式算法中, 为任意个属性的交集建立了索引表, 通过索引表遍历查找新增概念, 是一种以空间换取时间的算法. 智慧来等 [13] 通过研究概念格对象渐减维护与关联规则更新符合动态环境下概念格应用的需求, 提出了对象渐减式概念更新的原则和概念间关系调整方法, 并在其基础上设计了概念格对象渐减维护算法.

本章中, 我们将探讨在属性拓扑的理论框架下, 如何进行增量式概念认知学习.

5.2 增量式概念学习的形式背景处理

考虑到在实际生活中, 我们经常是对一个个的对象进行认知, 而很少以属性作为增量. 为了描述更接近日常生活实际认知过程, 本章以对象为增量进行认知学习过程的描述, 使用模型为对象拓扑. 对象拓扑中使用的基础定义和理论请参照第 2 章的相关内容.

表 5-1 为一形式背景 $K = (G, M, I)$, 与第 2 章的形式背景预处理不同, 因为本章的增量式概念认知学习系统, 需要对不断动态加入新对象进行概念认知, 新对象的加入很可能改变当前形式背景中全局属性, 空属性的性质, 为了增量式概念计算结果的准确性, 本章的预处理只对不能提供有价值的信息的全局对象、空对象进行约简, 以及对等价对象进行合并, 而全局属性、空属性和等价属性不做约简处理. 表 5-2 为表 5-1 预处理后的形式背景. 因此预处理后的形式背景将删除表 5-2 所示形式背景中的对象 0(全局对象), 对象 10(空对象), 合并等价对象 8 和 9 作为对象 8. 然后得到预处理后形式背景 (表 5-2) 所对应的对象拓扑表示 $\mathrm{OT} = (V, \mathrm{Edge})$ 如图 5-1 所示.

接下来, 我们将进入本章的正题内容, 分别进行基于递归式深度优先形式概念搜索 (recursive depth-first form concept search, RDFFCS) 和概念树的两种增量式概念认知. 设原始形式背景为 $K = (G, M, I)$, 对应的对象拓扑为 $\mathrm{OT} = (V, \mathrm{Edge})$, 加入新增对象 new 后的形式背景为 $K^* = (G^*, M^*, I^*)$, 对应的对象拓扑为 $\mathrm{OT}^* = (V^*, \mathrm{Edge}^*)$, 其中 $G^* = G \bigcup \mathrm{new}, M^* = M, I^* \supset I$; 为了区分两个形式背景下的关系, 将在形式背景 K^* 下的算子记为 f_{K^*} 和 g_{K^*}.

表 5-1 形式背景示例

	b	c	d	e	f	g	h	i
0	×	×	×	×	×	×	×	×
1	×	×	×		×	×		
2			×	×		×	×	×
3					×	×	×	×
4							×	
5					×	×		×
6	×	×	×	×				
7		×	×	×				
8				×				
9				×				
10								

表 5-2　预处理后的形式背景

	b	c	d	e	f	g	h	i
1	×	×	×		×	×		
2			×	×		×	×	×
3					×	×	×	×
4							×	
5					×	×		×
6	×	×	×	×				
7		×	×	×				
8				×				

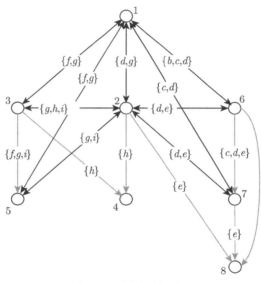

图 5-1　对象拓扑示例

5.3　基于 RDFFCS 的增量式概念认知学习

在对象拓扑中, 顶点之间的连线可以清晰地描述两个对象间的关系. 对于一个确定的形式背景可以得到唯一的概念集合和概念格, 因此一个确定的形式背景将对应于一个特定的认知能力.

5.3.1　新增对象的分类

考虑到在形式背景中, 新对象的加入不会影响原有各个对象之间的关系, 因此在某个认知能力的基础上, 实现对新增对象的认知, 只需考虑新增对象与原有各个对象之间的关联性.

定义 5-1　根据新增对象与原有对象的关联可以将新增对象进行分类.

(1) 若 $\exists x \in G$, 使得 $f(x) = f_{K^*}(\text{new})$, 则称新对象 new 为已知对象.

(2) 若 $\forall x \in G$, 满足 $f(x) \bigcap f_{K^*}(\text{new}) = \varnothing$, 则称新对象 new 为完全未知对象.

(3) 其他, 则称对象 new 为半未知对象, 根据对象间的具体关系可以细化为三种情况:

a) $f(x) \bigcap f_{K^*}(\text{new}) = f(x)$, 对象 new 其特征可以覆盖在原始形式背景中对象 x 的特征, 在对象拓扑图中, 二者间存在由对象结点 new 指向结点 x 的单向边, 且权值为 $f(x)$.

b) $f(x) \bigcap f_{K^*}(\text{new}) = f_{K^*}(\text{new})$, 在原始形式背景中存在对象 x 其特征包含对象 new 的特征, 在对象拓扑图中, 二者间存在由对象结点 x 指向结点 new 的单向边, 且权值为 $f_{K^*}(\text{new})$.

c) 其他, 即二者为相容关系, 在对象拓扑中, 二者之间存在双向边, 且权值为 $f(x) \bigcap f_{K^*}(\text{new})$.

根据定义 5-1, 若在现有的认知能力下, 新增对象 new 与对象 x 的特征属性是完全相同的, 则可以通过 x 完成对 new 的准确认识, 将其划为已知对象; 若新增对象与任意已知对象之间的关系呈现互斥关系, 直观地看, 在对象拓扑图中表现为二者间不存在任何边的连接, 则新增对象 new 是一个完全陌生的未知对象. 当 new 为半未知对象时, 在原始形式背景中, 存在与其关联的已知对象. 由于在现有形式背景的认知能力下, 无法直接明确的认识完全未知对象和半未知对象, 将它们统称为未知对象. 新增对象各个类别之间的关系如图 5-2 所示.

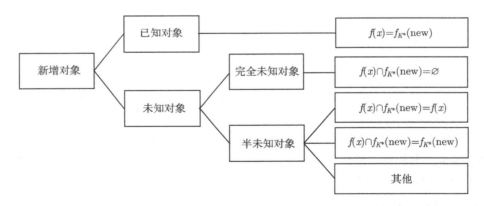

图 5-2　新增对象的分类间的关系

例如在图5-1 所示对象拓扑的基础上增加一个对象new_1, 其属性特征为$\{c, d, e\}$, 易得 $f_{K^*}(\text{new}_1) = f(7)$, 根据定义此时新增对象 new_1 为已知对象, 可以直接由对象 7 完成对新增对象 new_1 的认知. 若在图 5-1 所示对象拓扑的基础上新增对象 new_2, 其属性特征为 $\{d, e\}$, 易知新增对象 new_2 为半未知对象, 此时不能直接对 new_2 作出准确的判断, 且对象 8 与 new_2 满足分类 (3) 中的条件 a), 对象 $2, 6, 7$ 与 new_2 满足分类 (3) 中的条件 b), 对象 1 与 new_2 满足分类 (3) 中的条件 c).

性质 5-1 对于形式背景 $K = (G, M, I)$, 设 new 为新增的未知对象, 若 $\#\{f_{K^*}(\text{new})\}$, 则 new 与原形式背景 K 中对象只存在不关联关系和被包含关系.

证明 因为 new 为未知对象, 所以不存在对象 $x \in G$ 使得 $\text{new} = x$. 即若 $x \in G$ 且 $\#\{f(x)\} = 1$, 则 new 与 x 定不存在关联.

当 $x \in G$ 且 $\#\{f(x)\} > 1$ 时, 若 $f(x) \bigcap f_{K^*}(\text{new}) = \varnothing$, 则不存在关联;

若 $f(x) \bigcap f_{K^*}(\text{new}) \neq \varnothing$, 则 $f(x) \bigcap f_{K^*}(\text{new}) = f_{K^*}(\text{new})$, 即对象 new 与 x 为包含关系, 且对象 x 包含对象 new. □

5.3.2 对象拓扑的坍缩

当人们对各种各样的任务进行认知和决策时, 都会在大脑中有一个证据累积的过程 [14]. 若新增对象为已知对象时, 可以直接完成对新增对象的认知. 对未知对象的认知学习过程, 可以通过类似证据的累积过程完成对其认知过程, 该过程在对象拓扑中表现为增加未知对象对应的顶点与关联. 随着认知过程的继续, 对象拓扑或形式背景将变得越来越大, 这将使未知对象的认知学习过程难以处理. 为了降低对新增对象认知学习的复杂性, 本节给出对象拓扑的坍缩算法.

对象拓扑的 "坍缩" 概念来源于天体物理学中引力场坍缩形成黑洞的过程. 引力坍缩是恒星在自身物质的引力作用下彼此拉近而产生坍缩, 从而自身向内坍陷的过程. 在对象拓扑中, "坍缩" 形象地表达了在原始形式背景所对应的对象拓扑基础上, 通过对象间的相关性彼此吸引, 从而向下一层坍陷的过程, 坍缩过程简化和描述了对未知对象的认知学习过程, 同时使对象拓扑的处理过程更加形象.

设新增对象为 new, $\text{OT} = (V, \text{Edge})$ 为原形式背景 K 所对应的对象拓扑, 对象拓扑坍缩的算法见算法 5-1, 坍缩后所得对象拓扑记为 $\text{OT}_{clp} = (V_{clp}, \text{Edge}_{clp})$.

算法 5-1

算法名: 对象拓扑的坍缩

算法功能: 简化未知对象的增量式概念认知过程, 减小新增对象认知学习过程的复杂性.

Step 1 $V_{ur} = \{v \in V | f(v) \bigcap f_{K^*}(\text{new}) = \varnothing\}$;

Step 2 $\text{OT}_{ct} = (V_{ct}, \text{Edge}_{ct}), V_{ct} = V - V_{ur}, \forall v_i, v_j \in V_{ct}, \text{Edge}_{ct}(v_i, v_j) = \text{Edge}(v_i, v_j)$;

Step 3 若新增对象 new 为顶层对象, 则进入 Step 4; 否则跳转到 Step 6;

Step 4　令 $V_{clp} = V_{ct} + \{\text{new}\}$，$\forall v_i, v_j \in V_{clp}$，

$$
\text{Edge}_{clp}(v_i, v_j) = \begin{cases} \text{Edge}(v_i, v_j), & v_i \neq \text{new} \text{且} v_j \neq \text{new} \\ \varnothing, & f_{K^*}(v_i) \bigcap f_{K^*}(v_j) = \varnothing \\ \varnothing, & f_{K^*}(v_i) \bigcap f_{K^*}(v_j) = f_{K^*}(v_i) \\ f_{K^*}(v_i) \bigcap f_{K^*}(v_j), & \text{其他} \end{cases}
$$

Step 5　跳转到 Step7;

Step 6　令 $V_{clp} = V_{ct} - \text{Par}(\text{new}) + \{\text{Par}(\text{new}) \bigcup \text{new}\}$，$\forall v_i, v_j \in V_{clp}$，

$$
\text{Edge}_{clp}(v_i, v_j) = \begin{cases} \text{Edge}(v_i, v_j), & \text{new} \notin v_i \text{且} \text{new} \notin v_j \\ \varnothing, & f_{K^*}(v_i) \bigcap f_{K^*}(v_j) = \varnothing \\ \varnothing, & f_{K^*}(v_i) \bigcap f_{K^*}(v_j) = f_{K^*}(v_i) \\ f_{K^*}(v_i) \bigcap f_{K^*}(v_j), & \text{其他} \end{cases}
$$

Step 7　得到坍缩后的对象拓扑 $\text{OT}_{clp} = (V_{clp}, \text{Edge}_{clp})$.

在对象拓扑的坍缩过程中, Step 1 和 Step 2 根据新增对象 new 与原始对象拓扑 $\text{OT} = (V, \text{Edge})$ 中所有对象间的关联, 对原始对象集合进行了分离, 通过删除与新增对象 new 不存在关联的对象集合, 得到规模较小的对象拓扑 OT_{ct}. Step 3 中将新增对象按顶层对象和伴生对象分别进行后续的坍缩算法. Step 4~Step 7, 完成对象拓扑的坍缩算法. 对于新增对象为顶层对象的情形, 将新增对象作为新结点加入, 并依据对象间的关系完成对新增对象的认知. 对于新增对象为伴生对象的情形, 将新增对象与其父对象进行合并, 然后再根据与原形式背景中各对象的对应关系, 对其进行认知.

对于如图 5-3(a) 所示的对象拓扑图, 顶点集合为 $V = \{1, 2, 3, 4, 5, 6, 7, 8\}$, 若新增对象为 new, 满足 $f_{K^*}(\text{new}) = \{d, e\}$. 首先可以获得与新增对象无关的对象集合为 $V_{ur} = \{3, 4, 5\}$, 然后获得对象拓扑 OT_{ct} 如 5-3(b) 所示, 其中 $V_{ct} = \{1, 2, 6, 7, 8\}$.

可见, 根据新增对象 new 完成对原始对象拓扑的坍缩时, 若存在与对象 new 无关的结点, 则通过坍缩可以去除掉原始对象拓扑的冗余部分, 得到仅与新增对象 new 存在关联性的对象拓扑图, 最终得到的对象拓扑仅仅是原始对象拓扑的子对象拓扑.

由于新增对象 new 满足 $f_{K^*}(\text{new}) = \{d, e\}$, 为一伴生对象, 如图 5-4(a) 所示对象拓扑 OT_{c2}, 其父对象有 $\{2, 6, 7\}$, 则将新增对象与父对象合并后可以得出 $V_{clp} = V_{ct} - \text{Par}(\text{new}) + \{\text{Par}(\text{new}) \bigcup \text{new}\} = \{1, 2, 6, 7, 8\} - \{2, 6, 7\} + \{\{2, 6, 7, \text{new}\}\} = \{1, 8, \{2, 6, 7, \text{new}\}\}$. 此处为了描述方便, 记 NEW$= \{2, 6, 7, \text{new}\}$, 则 $V_{clp} = \{1, 8, \text{NEW}\}$. 得到坍缩后的对象拓扑如图 5-4(b) 所示. 由坍缩后的对象拓扑 (图 5-4(b))

可以直观地看出, 对象 new 与对象 1 为相容关系, 对象 new 是对象 2, 6, 7 的子对象, 且对象 8 是对象 new 的子对象.

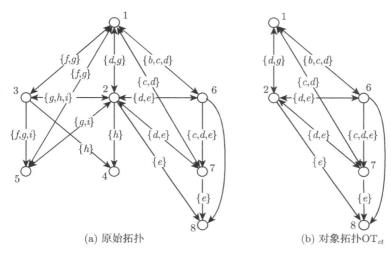

(a) 原始拓扑 (b) 对象拓扑 OT_{ct}

图 5-3 对象拓扑的坍缩

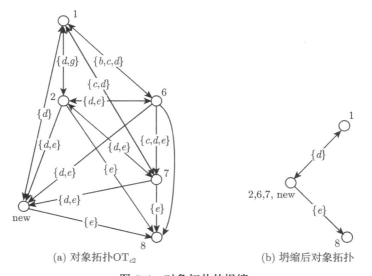

(a) 对象拓扑 OT_{c2} (b) 坍缩后对象拓扑

图 5-4 对象拓扑的坍缩

通过对比坍缩前后的对象拓扑图 (图 5-3(a) 与图 5-4(b)), 相比于因新增对象的加入引起对原有形式背景改变后, 重新计算生成加入新增对象后的形式背景所对应的对象拓扑图的方式, 对象拓扑的坍缩的方式更加简单、快速、容易, 大大减少运算的复杂度. 除此之外, 根据对象拓扑可视化的特性, 可以在坍缩后的对象拓扑中直观地看出新增对象 new 与原始对象拓扑中各个对象的关联.

5.3.3　递归式深度优先形式概念搜索

为了得到某一给定的形式背景的知识储备 (概念集合), 为后续新增对象加入的认知学习提供认知基础, 即当加入新对象之后, 在此认知的前提下对其进行认知判断, 本节利用深度优先搜索基本思想, 在属性拓扑的全局形式概念搜索算法 (depth-first form concept search, DFFCS)[9] 基础上, 提出了一种递归式深度优先形式概念搜索算法 (RDFFCS). 在算法中对于每一个结点通过设置约束条件, 进行路径搜索和回溯, 遍历所有对象结点, 进行概念计算, 为增量式概念认知学习提供基础.

1. 对象拓扑的半有序化处理

为了获得形式背景下的知识储备, 在采用递归算法之前, 首先需要对对象拓扑的全部对象结点进行排序.

对于形式背景 $K = (G, M, I)$, 其对象拓扑为 OT= (V, Edge). 顶层对象集合为 $\text{SupObj} \subseteq V$, 伴生对象集合 $\text{SubObj} \subset V$. 对于 $\forall g_i \in C \subseteq V$, 令 $\text{num}(g_i) = \#\{n | \text{Edge}(n, g_i) \neq \varnothing \text{ or } \text{Edge}(g_i, n) \neq \varnothing, n \in V\}$.

定义 5-2　对于非空集合 $C \subseteq V$, 定义一种映射 $T : C \to C$ 满足:

(1) $C \mapsto T(C) \triangleq C^{\mathrm{T}} = \{c_1, c_2, \cdots, c_i | c_k \in C, k \in [1, i]\}$.

(2) $\text{num}(c_1) \geqslant \text{num}(c_2) \geqslant \cdots \geqslant \text{num}(c_i)$.

定义 5-3　对于非空集合 $H \subseteq V$ 定义一种映射 $\wedge : H \to H$ 满足:

(1) $H \mapsto \wedge(H) \triangleq H^{\wedge} = \{h_1, h_2, \cdots, h_n | h_i \in H, i \in [1, n]\}$.

(2) 对于 $\forall h_i \in H^{\wedge}$, 不存在 $h_k = \text{Chr}(h_i), 0 \leqslant k \leqslant i \leqslant n$.

结合定义 5-2 和定义 5-3, 因为若顶层对象具有子对象, 那么该顶层对象一定是某些伴生对象的父对象, 考虑到子对象由父对象伴生, 因此我们将顶层对象排在伴生对象之前. 令 $V^{\partial} = \{\text{SupObj}^{\mathrm{T}}, (\text{SubObj}^{\mathrm{T}})^{\wedge}\}$, $\text{SupObj}^{\mathrm{T}}$ 和 $(\text{SubObj}^{\mathrm{T}})^{\wedge}$ 是分别对顶层对象集 SupObj 和伴生对象集 SubObj 内所有元素重新排序后的结果, 即 V^{∂} 为所有对象排序后的有序集合. 需要指出的是, 满足排序要求的排序结果并不是唯一的, 在应用时, 我们任选一种满足要求的对象排序结果.

对于图 5-1 所示的对象拓扑, 其顶点集合为 $V = \{1, 2, 3, 4, 5, 6, 7, 8\}$, 其中顶层对象集 $\text{SupObj} = \{3, 4, 6, 7\}$, 伴生对象集 $\text{SubObj} = \{1, 2, 5, 8\}$. 根据上述定义, 可以得到一种对象排序结果为 $\text{SupObj}^{\mathrm{T}} = \{3, 6, 4, 7\}$, $(\text{SubObj}^{\mathrm{T}})^{\wedge} = \{2, 1, 8, 5\}$, 即 $V^{\partial} = \{3, 6, 4, 7, 2, 1, 5, 8\}$.

在对对象拓扑每一个结点的搜索和回溯过程中, 为了通过对对象拓扑每个结点的搜索和回溯得到所有与新对象有关知识更新, 而不会出现相关知识的遗漏, 需要将对象拓扑中的所有顶层属性作为起点分别进行搜索和回溯. 引入全局起点 Φ, 则可以将其划入深度优先搜索算法中, 同时便于后续结点搜索的实现, 使得递归算法更加简化. 此处的有序化操作没有引入全局终点, 将其称为半有序化处理.

半有序化的处理过程如下, 设结点 Φ 为全局起点, $\forall g_i \in \mathrm{SupObj} \subseteq V$, 构造单向边 $\langle \Phi, g_i \rangle$, 同时令 $\mathrm{Edge}(\Phi, g_i) = f_{K^*}(g_i)$. 全局起点 Φ 的引入操作, 没有改变原对象拓扑中各对象的结点之间的关联性, 也不会影响结点的最终搜索结果. 图 5-5 为图 5-4(b) 所示的对象拓扑经过半有序化处理后的对象拓扑图.

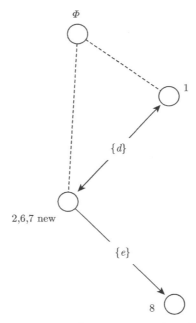

图 5-5 半有序化处理后的对象拓扑

2. 结点搜索过程及数据更新

设对象拓扑 $\mathrm{OT} = (V, \mathrm{Edge})$ 中所有对象集合经过上一节描述的结点排序后形成的有序集合为 $V^\partial = \{\mathrm{SupObj}^\mathrm{T}, (\mathrm{SubObj}^\mathrm{T})^\wedge\} = \{x_0, x_1, \cdots, x_{n_0}\}$, $n_0 = \#\{V\}$, $x_0 = \Phi$. N 为搜索过程中经过的对象结点构成的有序集合, 结点 g 为当前遍历对象, 则对结点 g 进行搜索时, 考虑如下条件:

Con1: $\forall x_i \in N - \{\Phi\}, \mathrm{Edge}(g, x_i) \neq \varnothing$ 或 $\mathrm{Edge}(x_i, g) \neq \varnothing$;

Con2: 对于 $\forall g_j \in N$, 存在 $N \subseteq V - g$, 满足 $f(g) \subset f(g_j)$;

Con3: $\mathrm{ParS}(g) \subseteq N$;

Con4: $P^g = \varnothing$;

Con5: $\forall P_i^g \in P^g$ 均满足 $P_i^g \subseteq N$ 或 $N \bigcap P_i^g = \varnothing$;

Con6: $f(N) \bigcap f(g) \neq \varnothing$;

Con7: $\mathrm{Mark}(g) = 0$.

当以下任意一组条件成立时, 满足结点搜索的约束条件, 继续遍历 g 的后续对象结点.

(1) $\mathrm{Con1} \bigcap \overline{\mathrm{Con2}} \bigcap \mathrm{Con6} \bigcap \mathrm{Con7}$.

(2) $\mathrm{Con1} \bigcap \mathrm{Con2} \bigcap \mathrm{Con3} \bigcap \mathrm{Con4} \bigcap \mathrm{Con6} \bigcap \mathrm{Con7}$.

(3) $\mathrm{Con1} \bigcap \mathrm{Con2} \bigcap \mathrm{Con3} \bigcap \overline{\mathrm{Con4}} \bigcap \mathrm{Con5} \bigcap \mathrm{Con6} \bigcap \mathrm{Con7}$.

用有序对象集合 N 记录当前搜索的路径, 即 N 中的元素依次为搜索路径时经过的对象结点, 经过此路径 N 的属性集合为 $f(N)$. 设当前遍历的对象为 v, 且满足结点搜索的约束条件, 则 $N' = N \bigcup \{v\}$, 此时经过路径 N' 的属性集合为 $f(N') = f(N) \bigcap f(v)$. $\forall v_i \in V_{\mathrm{sub}}(v)$, 其回溯标识为 $\mathrm{Mark}(v_i) \in \{0, 1\}$, 其中 $V_{\mathrm{sub}}(v)$ 为有序集合中排在对象 v 之后的对象构成的集合.

当满足概念的内涵 $B \in N'$ 时, 更新备选概念集合 C:

$$
C = \left\{ \begin{array}{ll}
C \bigcup (N', f(N')), & f(N) \neq f(N') \\
C \bigcup (N', f(N')) - (N, f(N)), & f(N) = f(N')
\end{array} \right.
$$

若 $f(N) = f(N')$, 将当前搜索路径中最后一个对象的回溯标识置为 1.

3. 结点的回溯

在传统的深度优先搜索算法中, 若一个结点不再具备向下搜索的条件时, 将产生结点的回溯, 从路径的角度看表现为路径的回退. 本章算法中, 除了传统的回溯条件之外, 若当前结点的回溯标识为 1 时, 将强制进行结点回溯, 不再做深度的结点遍历搜索, 强制回溯的原因是该路径不会产生概念, 回溯完成时将该结点的回溯标识还原为 0.

设一结点 g_2 的回溯标识位为 1, g_2 前一个结点为 g_1, 后一个结点为 g_3, 即 $N = \{\cdots, g_1, g_2\}$, $N' = \{\cdots, g_1, g_2, g_3\}$, $f(N) = f(N')$. 当从结点 g_3 回溯到 g_2 时, 假设结点 g_4 满足搜索条件, 其产生的二元组为 $(f(N) \bigcap f(g_4), N \bigcup g_4)$. 因为 $f(N) = f(N')$, 则 $f(N') \bigcap f(g_4) = f(N) \bigcap f(g_4) \neq \varnothing$, 即在搜索路径 N' 后必然经过结点 g_4, 其产生的二元组为 $(f(N') \bigcap f(g_4), N' \bigcup g_4) = (f(N) \bigcap f(g_4), N \bigcup g_3 \bigcup g_4) = (f(N) \bigcap f(g_4), N' \bigcup g_4)$. 因此对于由结点 g_3 回溯到结点 g_2 的任意后续搜索结点产生的二元组均不是概念.

4. RDFFCS 算法

结合以上 1 至 3 的描述可得算法的伪代码如下:

```
1    Recursion(v,N,edge)
2    {
3        N'=N⋃{v};
4        edge'=edge⋂f_{K*}(v);
5        update_C();
6        update_Mark();
7        foreach(v_p in V_sub (v))
8        {
9            if(v_p satisfy search conditions)
10               Recursion (v_p,N',edge');
11       }
12   update_Mark();
13       return;
14   }
```

递归函数的输入参数 v 为当前搜索结点, N 为当前搜索路径, Edge 经过此路径 N 的对象集合. 3~6 行为搜索过程中的数据更新, 9 为搜索条件, 7~11 行实现了当前搜索结点 v 后续结点的遍历, 结点 v_p 为当前遍历结点, 结点的回溯体现在 6,9, 12 行.

对于图 5-4(b) 所示的对象拓扑, 其顶点集合为 $V = \{1, 8, \text{NEW}\}$. 由于在增量式概念认知过程中, 只需考虑与新增对象相关的概念, 结合对象拓扑的半有序化, 可以将顶点集合排列为 $\{\text{NEW}, 1, 8\}$, 并从顶点 NEW 开始进行递归搜索, 首先获得概念 (NEW, de). 此时当前结点为 NEW, 搜索结点为 1, 符合第 (1) 组搜索条件, 因此产生一次递归调用, 获得概念 $(\{1, \text{NEW}\}, d)$. 此时当前结点为 1, 搜索结点为 8, 不满足任何一组搜索条件, 由于结点 1 后没有其他可以搜索的结点, 此时发生结点回溯和递归的返回. 此时当前结点为 NEW, 搜索结点为 8, 符合第 (2) 组搜索条件, 因此产生一次递归调用, 获得概念 $(\{8, \text{NEW}\}, e)$. 同理, 由于没有其他可以搜索的结点, 连续发生两次结点回溯和递归返回, 此时最外层递归函数结束, 完成 RDFFCS 的搜索过程.

RDFFCS 的时间空间复杂度会略高于 DFFCS, 但递归式的搜索逻辑更清晰, 更适合增量式的概念计算.

5.3.4 基于 RDFFCS 的增量式概念更新

本节中将利用 RDFFCS 算法, 采用原概念到新概念的方式实现对原知识储备中所有概念的更新, 其基本思想是: 排除不变的概念, 只对变化的概念进行判断, 如果新加入对象为已知对象, 那么现有的认知能力下可以准确地描述该对象, 实现对该对象的认知. 如果新加入对象为未知对象, 则需要初步判断此未知对象对原有知识储备中每个概念产生的影响, 对于没有产生影响的概念直接保留, 产生影响的概念进行更新. 本节讨论在已有的认知能力下对新增对象的认知学习过程, 分析了概念更新的基本原理, 并以此为基础, 给出一种具体的概念更新方法.

1. 概念更新原理

设某一形式背景为 $K = (G, M, I)$, 其所有概念集合为 $\mathfrak{B}(K)$. 加入新增对象 new 后的形式背景为 $K^* = (G^*, M^*, I^*)$, 满足 $G^* = G \bigcup \text{new}$, $M^* = M$, $I^* \supset I$, 其所有概念集合为 $\mathfrak{B}(K^*)$.

性质 5-2　对于原形式背景中的全属性全局概念 $(g(M), M) \in \mathfrak{B}(K)$, 若 $f_{K^*}(\text{new}) = M$ 则有 $(g(M) \bigcup \text{new}, M) \in \mathfrak{B}(K^*)$, 否则 $(g(M), M) \in \mathfrak{B}(K)$ 仍为全属性全局概念. 对于原形式背景中的全对象全局概念 $(G, f(G)) \in \mathfrak{B}(K)$, 在新增对象后的形式背景中被更新为 $(G^*, f(G^*)) \in \mathfrak{B}(K^*)$.

证明　由于新对象的加入, 对象集合为 $G^* = G \bigcup \text{new}$, 且未改变属性集合, 即 $M^* = M$, 则由新增对象前后的形式背景以及全属性全局概念和全对象全局概念的定义显然得证.　　　　　　　　　　　　　　　　　　　　　　　　　　□

因为全局概念更新的特殊性, 当新增对象加入时, 对原有概念集合的更新过程中暂且先不考虑全局概念的更新. 不包含全局概念的概念集合记为 $\mathcal{B}(K)$.

定义 5-4　新加入对象 new 对原形式背景中概念 $(A, B) \in \mathfrak{B}(K)$ 的影响程度可通过其对应的属性集合 $f_{K^*}(\text{new})$ 与概念的内涵 B 交集的结果判断, 考虑下列三个条件:

Con1: $(A, B) \in \mathcal{B}(K)$;

Con2: $(A, B) \in \mathcal{B}(K^*)$;

Con3: $(A \bigcup \text{new}, B \bigcap f_{K^*}(\text{new})) \in \mathcal{B}(K^*)$.

根据新加入对象 new 对原有知识储备中的概念是否产生影响及其影响程度, 可将概念更新方式分为概念不更新、概念增加更新、概念代替更新三类.

(1) 若满足 $\text{Con1} \bigcap \text{Con2} \bigcap \overline{\text{Con3}}$, 则称这种概念更新方式为概念不更新.

(2) 若满足 $\text{Con1} \bigcap \text{Con2} \bigcap \text{Con3}$, 则称这种概念更新方式为概念增加更新.

(3) 若满足 $\text{Con1} \bigcap \overline{\text{Con2}} \bigcap \text{Con3}$, 则称这种概念更新方式为概念代替更新.

定义 5-5　从概念角度给出了三种概念更新方式的定义, 性质 5-3 作为定义 5-4 的延伸, 在 $\mathcal{B}(K^*)$ 未知的前提下, 从新增对象的角度给出相应的概念更新方式.

性质 5-3　(1) 当 $(A, B) \in \mathcal{B}(K)$, $f_{K^*}(\text{new}) \bigcap B = \varnothing$ 时, 为概念不更新方式.

(2) 当 $(A, B) \in \mathcal{B}(K)$, $f_{K^*}(\text{new}) \bigcap B \subset B$ 时, 为概念增加更新方式.

(3) 当 $(A, B) \in \mathcal{B}(K)$, $f_{K^*}(\text{new}) \bigcap B = B$ 时, 为概念代替更新方式.

证明　对于 $(A, B) \in \mathcal{B}(K)$, 则在形式背景 K 中 (A, B) 构成一个最大的全 1 矩阵.

(1) 在加入新增对象 new 后, 由于 $f_{K^*}(\text{new}) \bigcap B = \varnothing$, 则 (A, B) 在新的形式背景 K^* 中仍为一个最大的全 1 矩形, 即 $(A, B) \in \mathcal{B}(K^*)$.

又 $f_{K^*}(\text{new}) \bigcap B = \varnothing$, 则 $(g_{K^*}(B \bigcap f_{K^*}(\text{new})), B \bigcap f_{K^*}(\text{new}))$ 只能为全对象全局属性, 不属于 $\mathcal{B}(K^*)$.

满足条件 $\text{Con1} \bigcap \text{Con2} \bigcap \overline{\text{Con3}}$, 得证.

(2) 同理, 在加入新增对象 new 后, (A, B) 在新的形式背景 K^* 中仍为一个最大的全 1 矩形, 但会衍生出新的最大全 1 阵. 即满足条件 $\text{Con1} \bigcap \text{Con2} \bigcap \text{Con3}$, 得证.

(3) 同理, 在加入新增对象 new 后, (A, B) 不在新的形式背景 K^* 中仍为一个最大的全 1 矩形, $(A \bigcup \text{new}, B)$ 成为新的最大全 1 阵. 即满足 $\text{Con1} \bigcap \overline{\text{Con2}} \bigcap \text{Con3}$, 得证. □

性质 5-4 给出了当增加对象时, 对一般概念产生的影响, 如图 5-6 所示.

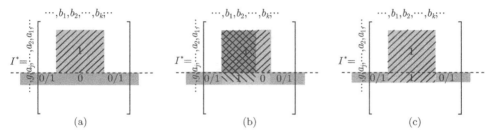

图 5-6 新增对象 new 对原有概念 (A, B) 产生的影响

图 5-6 中 I^* 为形式背景 K^* 中对象和属性之间的关系矩阵; 在概念 (A, B) 中, $A = \{a_1, a_2, \cdots, a_j\}$, $B = \{b_1, b_2, \cdots, b_k\}$; 数字 "0" 表示该对象不具有对应的属性, "1" 表示该对象具有对应的属性, "0/1" 表示对象 new 可以不具有或具有对应的属性. 图 5-6 中 (a) 表示新加入未知对象 new 对原有概念 (A, B) 没有产生影响, 概念 (A, B) 不会被更新; 图 5-6 中 (b) 表示新加入未知对象 new 对原有概念 (A, B) 未产生影响, 但以原有概念 (A, B) 为基础, 生成新的概念 $(A \bigcup \text{new}, B \bigcap f_{K^*}(\text{new}))$, 原概念 (A, B) 仍然保存不变, 则为概念增加更新; 图 5-6 中 (c) 为当 $f_{K^*}(\text{new}) \bigcap B = B$ 时, 新加入未知对象 new 对原有概念 (A, B) 产生影响, 在概念 (A, B) 基础上, 生成新的概念 $(A \bigcup \text{new}, B)$, 而概念 (A, B) 变为伪概念, 需要在原有知识储备中删除, 则为概念代替更新.

性质 5-5 当且仅当 $f_{K^*}(\text{new}) \supseteq B$, 概念 $(A, B) \in \mathcal{B}(K)$ 的更新方式为概念代替更新方式.

证明 由题设可知, 当 $f_{K^*}(\text{new}) \supseteq B$ 时, $f_{K^*}(\text{new}) \bigcap B = B$, 根据概念代替更新方式定义以及性质 5-3 中 (3) 得证. □

RDFFCS 算法采用针对新对象产生影响的概念进行更新的方式, 不需对加入新对象的形式背景进行整体分析, 重新计算所有的概念, 大大减少了概念计算的复杂度. 这种方式符合人类对于新对象的认知过程, 当我们面对新的未知对象时, 只需快速搜索大脑中的知识储备, 寻找与新对象相同或相似的知识, 从而迅速地对新对象有个大致的判断和认识, 然后丰富现有知识库, 提高已有认知能力.

2. 概念更新算法

本节根据前面讨论与分析的概念更新原理, 给出一种概念更新算法, 其算法描述如下.

算法 5-2

算法名: 基于 RDFFCS 的增量式概念更新算法.

算法功能: 当新增对象加入时, 实现概念到概念的增量式概念更新.

Step 1　计算原对象拓扑 $\mathrm{OT} = (V, \mathrm{Edge})$ 中的概念 $\mathfrak{B}(K)$.

Step 2　初始化 $\mathfrak{B}(K^*) = \mathfrak{B}(K)$.

Step 3　若不存在 $g \in G$ 满足 $f(g) = f_{K^*}(\mathrm{new})$, 跳转到 Step 5. 否则, 进入 Step 4.

Step 4　$\forall (A^*, B^*) \in \mathfrak{B}(K^*)$, 若 $\#\{g \in A^* | f(g) = f_{K^*}(\mathrm{new})\} > 0$, 则 $(A^*, B^*) = (A^* \bigcup \mathrm{new}, B^*)$, 跳转到 Step 8.

Step 5　记 RDFFCS 求得的概念集合为 $\mathcal{B}_r(K^*)$, $R = \{\bigcup B^* | (A^*, B^*)_r \in \mathcal{B}_r(K^*)\}$

Step 6　$\forall (A_r, B_r) \in \mathcal{B}_r(K^*), B_r \in R$

$$\mathfrak{B}(K^*) = \begin{cases} \mathfrak{B}(K^*) - (A^* - \{\mathrm{new}\}, B^*)_r + (A^*, B^*), \\ \qquad B_r = \{B^* | (A_r - \{\mathrm{new}\}, B^*) = (A^*, B^*)_r\} \\ \mathfrak{B}(K^*) + (A^*, B^*), \\ \qquad B_r \subset \{B^* | (A_r - \{\mathrm{new}\}, B^*) = (A^*, B^*)_r\} \end{cases}$$

Step 7　全局概念更新:

$$\mathfrak{B}(K^*) = \mathfrak{B}(K^*) - (V, f(V)) + (V \bigcup \mathrm{new}, f(V \bigcup \mathrm{new})) - (g(M), M) + (g_{K^*}(M), M^*).$$

Step 8　输出 $\mathfrak{B}(K^*)$, 算法结束.

由于全局概念的更新特殊性, 在算法中的 Step 3~Step 6 中不考虑全局概念的影响, 在 Step 7 完成全局概念的更新. Step 1 为获得原始形式背景下的知识储备, 为后期对新增对象的认知学习过程提供知识基础. 当新增对象在当前知识储备下为已知对象时, 通过 Step 4 和 Step 7 将已知对象加入到知识库. 当新增对象在当前知识储备下为未知对象时, 在保留不需要更新概念的前提下, Step 5~Step 7 完成对未知对象的认知学习过程, 其中 Step 6 依据性质 5-3 以概念增加更新和概念代替更新方式完成对原形式背景中所有知识的更新.

对于表 5-2 所示的形式背景, 对应的对象拓扑如图 5-1 所示. 在进行增量式概念更新时, 首先可以根据 RDFFCS 或其他计算概念集合的方式求得原始对象拓扑中所有的概念, 记为 $\mathfrak{B}(K)$, 同时令 $\mathfrak{B}(K^*) = \mathfrak{B}(K)$. 对于新增对象 new, 满足 $f_{K^*}(\text{new}) = \{d, e\}$, 可知新增对象为一未知对象, 跳转到 Step 5. 使用 RDF-FCS 算法求得新增对象后的所有不包含全局概念的概念集合 $\mathcal{B}_r(K^*)$, 根据 5.3.3 节可知, $\mathcal{B}_r(K^*) = \{(\text{NEW}, \{d, e\}), (\{1, \text{NEW}\}, d), (\{8, \text{NEW}\}, e)\}$, 此处 NEW $= \{2, 6, 7, \text{new}\}$. 由于原始概念集中均满足性质 5-3 中的 (3), 即将原始概念代替更新为加入新增对象后的概念:

$$(\{2, 6, 7\}, \{d, e\}) \rightarrow (\{2, 6, 7, \text{new}\}, \{d, e\})$$
$$(\{1, 2, 6, 7\}, \{d\}) \rightarrow (\{1, 2, 6, 7, \text{new}\}, \{d\})$$
$$(\{2, 6, 7, 8\}, \{e\}) \rightarrow (\{2, 6, 7, 8, \text{new}\}, \{e\})$$

其后完成对全局概念的更新, 全属性全局概念无需更新, 全对象全局概念更新:

$$(V, \varnothing) \rightarrow (V \bigcup \text{new}, \varnothing)$$

此时, 输出 $\mathfrak{B}(K^*)$ 完成 $f(\text{new}) = \{d, e\}$ 的增量式概念认知的学习.

5.4 基于概念树的增量式概念认知学习

5.3 节介绍了基于 RDFFCS 的增量式概念认知学习算法, 当有新增对象加入时, 通过分析新增对象与原形式背景所对应的对象拓扑中结点关系, 更新原有对象拓扑, 利用 RDFFCS 算法, 通过结点的搜索与回溯, 获取新增对象后对象拓扑的搜索路径, 从而实现对新增对象动态更新下的概念认知. 从中受到启发, 为了使增量式概念认知学习的过程更加简单, 直观, 易于理解, 本章在已知已有对象拓扑所对应的搜索路径上, 提出一种基于概念树的增量式概念认知学习算法. 即当有新增对象加入时, 通过分析新增对象对已有概念树产生的影响, 直接对概念树进行增量式更新操作, 实现一种不同于 5.3 节的增量式概念认知学习过程.

5.4.1 路径更新对概念的影响

RDFFCS 算法的核心之一是结点搜索与回溯, 路径则是在结点的搜索与回溯过程中产生的附属产物. 由于路径中的每个结点都是认知背景下的一个对象, 当加入新增对象后, 按照路径的生成原则生成的部分路径中也必然包含新增对象. 为了方便的描述新增对象对原有概念产生的影响, 将新增对象对路径产生影响的过程称为路径更新, 本节中首先给出路径树的表示, 其次讨论路径树的更新方式, 最后分析路径更新对原有概念的影响.

1. 路径的更新

在分析新增对象对路径更新的影响之前, 首先引入路径树的表示, 路径树包含了 RDFFCS 递归算法中所有的搜索路径, 同时可以描述对象结点的搜索过程.

在路径树中, 将一个对象表示为一个结点, 若对象 g_1 满足在对象 g_2 下的搜索条件, 则将结点 g_1 与结点 g_2 用实线连接起来. 通常全局起点用空心圆表示, 位于路径树的最左侧, 普通的对象结点用黑色实心圆表示, 依次通过实线连接向右伸展. 因此从全局起点开始沿着实线方向可以不回退的经过若干个对象结点, 每经过一个对象结点则形成一条路径. 也就是说, 一条路径由路径树的空心圆开始, 沿着实线依次前进, 每个结点可以且最多可以经过一次. 为了描述生成路径的前后顺序, 即描述结点的搜索过程, 将结点的下一个可加入路径结点绘制于该结点的右侧, 并且按照先后顺序依次由上至下排列. 结点的回溯过程不产生新的路径, 在路径中表现为在该结点后没有实线或沿着实线没有未经过的结点.

图 5-7 为一路径树, 图中空心圆表示全局起点 Φ. 沿着实线由左到右, 从上而下的方式完成路径的搜索. 由全局起点 Φ 开始, 先后依次经过结点 1, 2, 3. 到达结点 3 时, 由于其后没有实线而产生结点的回溯; 在结点 2 处由于其后不存在实线连接的未经过结点, 因此产生结点回溯. 此时回溯至结点 1 后继续向右搜索, 依次经过结点 3, 4. 同样地, 按照结点的回溯原则将退回至全局起点, 至此, 所有结点搜索完毕, 获得路径树中的全部路径. 从路径树中可知, 路径的搜索过程共产生了 6 条路径, 且按照搜索的顺序可以分别表示为有序集合 $\{\Phi\}$, $\{\Phi,1\}$, $\{\Phi,1,2\}$, $\{\Phi,1,2,3\}$, $\{\Phi,1,3\}$, $\{\Phi,1,3,4\}$. 可以验证, 路径树可以完整地表示 RDFFCS 算法中路径的搜索过程, 其得出的路径与 RDFFCS 产生的路径是一致的, 并且没有改变路径产生的顺序.

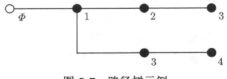

图 5-7　路径树示例

定义 5-6　在路径树中, 设到达某结点 g 时形成的路径为 Path, 若结点 g 的右侧没有实线相连接的结点, 则将该结点 g 称为该条路径 Path 下的叶子结点, 记为 $(\text{Path}, g)^L = 1$, 否则记为 $(\text{Path}, g)^L = 0$.

如图 5-7 所示的路径树中, 存在两条路径 $\text{Path}_1 = \{\Phi, 1, 2, 3\}$ 和 $\text{Path}_2 = \{\Phi, 1, 3\}$, 这两条路径均为到达结点 3 时所形成的路径, 其中结点 3 在 Path_1 下

是叶子结点, 在 $Path_2$ 下为非叶子结点, 即 $(Path_1, 3)^L = 1$, $(Path_2, 3)^L = 0$.

定义 5-7 设在路径树中, 到达某结点 g 时形成的路径为 Path. 从某结点 g 出发的实线称为该结点的一条后项支路; 若从结点 g 出发连接多条实线, 则称这些后项支路是该对象的后项支路组, 记为 $(Path, g)^a$; 将到达该结点 g 的实线称为该结点的前项支路, 记为 $(Path, g)^b$.

在图 5-7 所示的路径树中, 存在路径 Path = $\{\Phi, 1\}$. 由对象 1 到达对象 2 的支路为对象 1 的一条后项支路, 由对象 1 到达对象 3 的支路也是对象 1 的一条后项支路, 且对象 1 没有其他的后项支路, 所以这两条后项支路构成对象 1 的后项支路组, 记作 $(Path, 1)^a = (\{\Phi, 1\}, 1)^a = \{\{1, 2\}, \{1, 3\}\}$. 对象 1 的前项支路为由对象 Φ 到达对象 1 的支路, 即 $(Path, 1)^b = (\{\Phi, 1\}, 1)^b = \{\{\Phi, 1\}\}$.

易知, 对于任意的非全局起点结点, 其有且仅有一条前项支路. 对于任意的结点 g, 若其在 Path 下的不存在后项支路, 即 $(Path, g)^a = \varnothing$, 则有 $(Path, g)^L = 1$.

由于路径树完整的表示了路径的搜索过程, 当在形式背景中加入新增对象时, 在路径树中也将加入该新增对象. 考虑到路径树的特征, 路径树的更新可以分为三种方式:

(1) 新增对象的插入位置为原路径树的叶子结点后, 且成为新的叶子结点;

(2) 新增对象的插入位置为原路径树的非叶子结点, 且成为非叶子结点;

(3) 新增对象的插入位置为原路径树的非叶子结点, 且成为叶子结点.

设新增对象为 new, 在路径树中到达对象 g 时产生的路径为 Path, $\{g, \text{new}\} \in (Path, g)^a$, 记由路径 Path 经由后项支路 $\{g, \text{new}\}$ 到达新增对象 new 时产生的路径为 Path'. 则上述三种方式可以表示为

(1) $(Path, g)^L = 1$, $(Path', \text{new})^L = 1$;

(2) $(Path, g)^L = 0$, $(Path', \text{new})^L = 0$;

(3) $(Path, g)^L = 0$, $(Path', \text{new})^L = 1$.

由路径树的特征可知, 不存在 $(Path, g)^L = 1$, $(Path', \text{new})^L = 0$ 的情况. 则根据排列组合定律, 加入任意特征的新增对象, 对路径树的更新方式必然可以划分为其中的一种, 即上述三种方式包含了所有的路径更新情况, 且没有重叠.

图 5-8 中 (a)、(b)、(c) 分别给出了三种路径更新方式的模式示意.

2. 路径更新对概念的影响

由于路径树完整的表述了路径的搜索过程, 所以根据路径经过的结点和路径上的权值可以得出形式背景中的所有概念. 当在形式背景中加入新增对象时, 路径树将会出现三种路径更新方式. 本节中将分析在路径树中的三种更新方式分别对原始概念产生的影响.

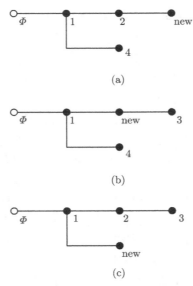

图 5-8　路径树更新方式示意图

情况 1: $(\text{Path}, g)^L = 1$, $(\text{Path}', \text{new})^L = 1$.

此时新增对象 new 代替原路径树中路径 Path 的叶子结点 g, 成为新路径 Path′ 的叶子结点. 由于一条路径最多可以得出一个概念, 因此只需考虑对路径 Path 对应的概念产生影响, 即需要判断这两条路径上的权值是否发生变化. 若 $f(\text{Path}) = f_{K^*}(\text{Path}')$, 则原路径 Path 所对应的概念 (A, B) 被更新为 $(A \bigcup \text{new}, B)$. 若 $f(\text{Path}) \neq f_{K^*}(\text{Path}')$, 原始概念 (A, B) 不变, 增加备选概念 $(A \bigcup \text{new}, f_{K^*}(\text{Path}'))$.

情况 2: $(\text{Path}, g_i)^L = 0$, $(\text{Path}', \text{new})^L = 0$.

设未加入新增对象 new 之前路径中存在对象 g_j, 满足 $(g_i, g_j) \in (\text{Path}, g_i)^a$, 且加入新增对象之后, 有

$$
\begin{cases}
(g_i, g_j) \notin (\text{Path}, g_i)^a \\
(\text{new}, g_j) \in (\text{Path}', \text{new})^a
\end{cases}
$$

则若:

(1) $f(\text{Path} \bigcup g_j) = f_{K^*}(\text{Path}' \bigcup g_j)$, 则此条支路及其延伸支路上的所有原始概念将被代替更新, 原始概念 (A, B) 被更新为 $(A \bigcup \text{new}, B)$. 同时, 若 $f(\text{Path} \bigcup g_j) \subset f_{K^*}(\text{Path}')$, 则增加备选概念 $(A \bigcup \text{new}, f_{K^*}(\text{Path}'))$.

(2) $f(\text{Path} \bigcup g_j) \supset f_{K^*}(\text{Path}' \bigcup g_j)$, 则需判断加入新增对象 new 之前 g_j 的各个后项支路上的权值 α 与加入新增对象 new 之后 g_j 的前项支路上的权值 β 的关系:

a) 若 $\alpha \bigcap \beta = \varnothing$, 则截断此后项支路, 该后项支路及其延伸支路的原始概念将被删除.

b) 若 $\alpha \bigcap \beta = \alpha$, 则此后项支路及其延伸支路上所有原始概念 (A, B) 被更新为 $(A \bigcup \text{new}, B)$.

c) 否则, 递归判断条件 (2).

同时, 若 $\forall \alpha$, 不存在 $\alpha = \beta$, 则在对象 g_j 对应的路径上产生备选概念 $(\text{Path}' \bigcup g_j, \beta)$.

情况 3: $(\text{Path}, g)^L = 0$, $(\text{Path}', \text{new})^L = 1$.

对于这种情况, 若 $f(\text{Path}) \neq f_{K^*}(\text{Path}')$, 则增加新概念; 若 $f(\text{Path}) = f_{K^*}(\text{Path}')$, 此时将新增对象 new 插入在对象 g 的前项支路上, 转换为情况 2 处理.

5.4.2 概念更新对概念树的影响

概念树是一种树形结构图, 它将每个概念用一个结点表示, 清晰地展现了概念之间的层次关系. 在 5.4.1 节给出的路径树中, 可以通过路径搜索得出所有概念, 加之路径树与概念树具有相似的图形结构, 通过路径树即可容易地获得概念树.

图 5-9 中给出一路径树与概念树的对应关系. 图 5-9(a) 为一路径树, 由于路径是在结点搜索过程中产生的, 包含所有搜索的对象结点, 而在路径树的非叶子结点处所对应的路径, 不一定产生一个概念, 我们将这些不能产生概念的非叶子结点向后合并, 直至最近一个可以构成概念结点, 然后将路径树绘制成树状图, 如图 5-9(b) 所示. 此时在图 5-9(b) 中, 每个结点均为一个概念, 且概念的外延为从树状图的根结点起, 到达该结点的路径上经过的所有结点的对象的并, 概念的内涵为该结

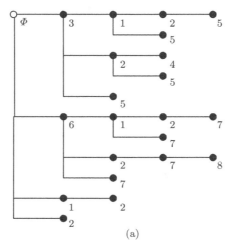

(a)

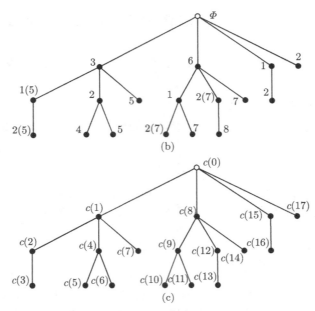

图 5-9　路径树与概念树的对应关系

点的前项支路上的权值. 此时, 可以将每个结点标记为一个概念, 得到图 5-9(a) 对应的概念树, 如图 5-9(c) 所示. 由于图 5-9(b) 和图 5-9(c) 的结构是完全一致的, 而且有明确的对应规则, 因此本章中不区分中间过程图 5-9(b) 与最终的概念树图 5-9(c), 将其统称为概念树.

　　根据 5.4.1 节中的情况 1～ 情况 3, 假设新构成的概念中没有伪概念, 则可以将加入新增对象对概念树产生的影响归纳为四类: 概念不更新, 概念增加更新, 概念代替更新, 概念删除. 接下来分别给出这四类概念树的更新方式.

　　(1) 概念不更新. 概念对应的概念树结点不发生变化.

　　(2) 概念增加更新. 设在新增概念对应的路径为 Path, 则 $(\text{Path}, g)^b = (g_b, g)$. 则在概念树中同路径对应的 g_b 概念结点处, 新增一个树枝连接一个结点.

　　(3) 概念代替更新, 包括单一概念代替更新和后项支路及延伸支路上的所有概念代替更新两种情况. 设新增概念对应的路径为 Path, 则 $(\text{Path}, g)^b = (g_b, g)$. 则在概念树中同路径对应的 g_b 概念结点处, 将新增对象与对象 g_b 合并.

　　(4) 概念删除. 包括单一概念删除和后项支路及延伸支路上的所有概念删除两种情况. 此时只需截断路径所在概念树中对应的树枝.

　　图 5-10 中给出了概念树的四种更新方式模式图, 其中原始概念树如图 5-10(a) 所示. 图 5-10(a)、(b)、(c)、(d) 分别对应上面描述的四种概念树更新方式.

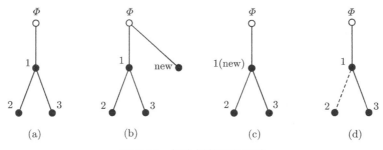

图 5-10 概念树的更新方式

概念树相比于路径树而言, 去除了在概念生成与搜索过程中冗余的无用结点. 由于其可以由路径树便捷地获得, 实现多个结点的合并搜索, 所以在进行新增对象的增量式概念学习中, 以路径树为理论基础, 实现基于概念树的增量式概念认知学习将更为简洁.

5.4.3 基于概念树的概念更新算法

由 5.4.1 节及 5.4.2 节可知, 新增对象将导致路径树的变化, 路径树的变化可以由概念树表示, 而概念树又可以描述新增对象导致的概念更新. 因此当加入新增对象时, 如何根据新增对象的特征, 直接进行概念树的更新, 同时能够保证概念学习与认知的正确性, 将是本节讨论的重点.

1. 准备工作

设一已知的形式背景 K 对应的对象拓扑为 OT, 生成概念树时使用的有序对象集合为 $O = \{g_1, g_2, \cdots, g_n\}$. 设新增对象为 new, 加入新增对象 new 后的形式背景为 K^*, 其父对象集合和子对象集合可以分别表示为 $\mathrm{Par}_{K^*}(\mathrm{new})$ 和 $\mathrm{Chr}_{K^*}(\mathrm{new})$. 则可以将有序对象集合分割为三个有序对象集合: $O = \{O_p, O_i, O_c\}$, 其中:

(1) $O_p = \{g_1, g_2, \cdots, g_p\}$, 满足 $O_p \supseteq \mathrm{Par}_{K^*}(\mathrm{new})$, 且 $g_p \in \mathrm{Par}_{K^*}(\mathrm{new})$;

(2) $O_c = \{g_c, g_{c+1}, \cdots, g_n\}$, 满足 $O_b \supseteq \mathrm{Chr}_{K^*}(\mathrm{new})$, 且 $g_c \in \mathrm{Chr}_{K^*}(\mathrm{new})$;

(3) $O_i = O - O_p - O_b$.

由于新增对象 new 和现有知识储备的多样性, 上述三个集合并不能保证是非空集合.

考虑到:

(1) 概念树中的树形结构是通过结点的搜索过程得到的, 而结点的搜索顺序与对象集合的排序有关. 因此为了保证每次概念树更新的差异最小化, 当加入新增对象时, 需要保证原始对象有序集合中各个对象的顺序不变.

(2) 若一概念外延中存在某伴生对象, 则此概念的外延中必然包含该伴生对象的所有父对象.

综上, 若将新增对象 new 加入到其父对象之后子对象之前的位置, 可以满足获得新概念的原则, 且保证概念树更新的差异最小.

本章中使用的加入新增对象后的有序集合为 $O' = \{O_p, O_i, \mathrm{new}, O_c\}$, 设某概念树搜索路径所经过结点集合为 G_s, 同时满足 $G_s \subseteq O_p \bigcup O_i$, 则可以考虑将新增对象 new 加入到该概念结点下.

2. 概念更新的约束条件

由 5.4.1 节可知, 新增对象的加入将对路径树产生三种直接影响和四种概念树更新形式, 因此需要根据新增对象的不同特征, 进行相应的路径树与概念树更新, 以确保实现新增对象的增量式概念计算与认知.

如图 5-11 所示, 设 g 为概念树中的一个结点, 由概念树根结点到结点 g 经过的路径为 Path, 其前项支路上的权值为 β, 其后项支路上的权值用 α 表示. new 为新增对象, g 与 new 间的虚线表示尝试将新增结点 new 加入到结点 g 上, 虚线上的 $\omega = \beta \bigcap f_{K^*}(\mathrm{new})$. 在概念树的根结点处, 不存在前项支路, 为保证描述的全局性, 令 β 为根结点对应概念的内涵.

条件 (1) 若 $\omega = \beta \bigcap f_{K^*}(\mathrm{new}) = \varnothing$, 则对象 new 不能加入到结点 g 下.

证明　若 $\omega = \beta \bigcap f_{K^*}(\mathrm{new}) = \varnothing$ 是一个概念的内涵, 则该概念必为全局对象概念; 又由于概念树中不考虑全局对象概念, 因此对象 new 不能加入到结点 g 下.□

条件 (2) 若 $\omega = \beta$, 此时对应路径树如图 5-12 所示, 满足 5.4.1 节中的情况 2 中的 (1), 该路径及其所有延伸路径下的概念进行代替更新, 因此在概念树中将对象 g 与对象 new 合并.

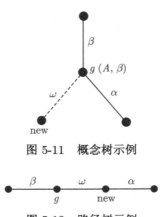

图 5-11　概念树示例

图 5-12　路径树示例

证明　在加入对象 new 之前, 概念树中的结点 g 处代表的概念为 (A, β), 则 $\beta = f(g(\beta))$. 由于加入对象 new 后, $\omega = \beta$, 则有 $g_{K^*}(\beta) = g_{K^*}(\beta \bigcap \omega) =$

$g(\beta) \bigcup g_{K^*}(\omega) = A \bigcup \text{new}$, $f_{K^*}(g_{K^*}(\beta)) = f_{K^*}(A \bigcup \text{new}) = \omega = \beta$, 所以概念结点 (A, β) 被更新为 $(A \bigcup \text{new}, \beta)$. 其后项支路及其延伸支路证明同理. □

条件 (3) 若 $\omega \subseteq \alpha = \alpha_0$, 或 $\omega \subseteq \alpha_i$, 则对象 new 不能加入到结点 g 下, 其中 α_i 为 u_i 与 u_i 的其他已经过的直接后继结点间的权值, 其中 u_i 为结点 g 的第 i 个前驱结点.

证明 由于 $\omega \subseteq \alpha_i$, 则在 α_i 对应支路的延伸支路上, 必然存在对象 new 对应的结点, 使该路径 Path^A 的权值为 ω. 又 α_i 指从结点 g 开始的第 i 次前项支路的头部结点的其他后项支路的权值, 易知 $\text{Path}^A \supseteq \text{Path}'$. 则对象 new 在 Path' 下不能构成概念. □

条件 (4) 若 $\omega \supset \alpha$, 则将这些后项支路移动到新增对象 new 下. 同时若存在与 new 同级对象 g_s, 满足 $g_s \notin G_s$, 则将 g_s 所在的后项支路复制到 new 下. 根据 5.4.1 节中的情况 2 判断概念和概念树的变化情况.

证明 若 $\omega \supset \alpha$, 则 α 所在支路的尾部对象 g^A, 成为对象 g 的二级伴生, 对象 new 代替对象 g 成为对象 g^A 的直接父对象. 即对象 g^A 增加了一个新的父对象 new, 这使得原有的 α 支路及其延伸支路上所有的概念成为伪概念. 同时, 在考虑到对象的新增位置需包含于 G_s, 则无须对 new 和 G_s 同时出现的情况进行二次探讨, 只需将同级 $g_s \notin G_s$ 的后项支路复制到 new 下. □

条件 (5) 其他, 即 $\omega \bigcap \alpha = \varnothing$ 或 ω 与 α 相容, 则对象 new 的加入将在 Path' 下产生一个新的概念, 将对象 new 加入到结点 g 下. 使用 5.4.1 节中的情况 1 或情况 3 判断概念和概念树的变化情况.

由条件 (1)~(5) 的条件可知, 这五种情况的并集为整个论域, 因此给定任意的一个新增对象, 在概念树中, 通过分析其属性特征, 可以直接对概念树进行更新, 实现基于概念树的增量式概念认知学习.

5.4.4 算法流程

设新增对象为 new, 本节中给出基于概念树的增量式概念认知计算的总体流程.

算法 5-3

算法名: 基于概念树的增量式概念更新算法.

算法功能: 当新增对象加入时, 由概念树直接进行增量式概念更新.

Step 1 将新增对象 new 加入到有序对象集合中, 求得 $O' = \{O_p, O_i, \text{new}, O_c\}$.

Step 2 从概念树的根结点开始, 以深度优先搜索的顺序, 遍历各个结点, 设当前遍历结点为 g_s, 对应的搜索路径记为 Path, 经过的对象结点集合记为 G_s.

Step 3 若 $G_s \subseteq O_p \bigcup O_i$, 判断新增对象 new 满足 5.4.3 节所述的各个约束条件, 并进行概念树更新.

Step 4　更新全局对象概念.

Step 5　算法结束.

当对象有序集合为 $\{3,6,1,2,4,5,7,8\}$, 图 5-1 所示的对象拓扑对应的概念树如图 5-9(b) 所示. 若新增对象 new 具有的属性为 $\{d,f\}$, 则 $O_p = \{3,6,1\}$, $O_c = \varnothing$, $O_i = \{2,4,5,7,8\}$. 则加入新增对象后的有序集合为 $O' = \{O_p, O_i, \text{new}, O_c\} = \{3,6,1,2,4,5,7,8,\text{new}\}$. 则从概念树的根结点开始逐步搜索路径, 若搜索路径所经过结点集合为 G_s, 同时满足 $G_s \subseteq O_p \bigcup O_i$, 则可以考虑将新增对象 new 加入到该概念结点下. 如图 5-13 所示, 从根结点出发:

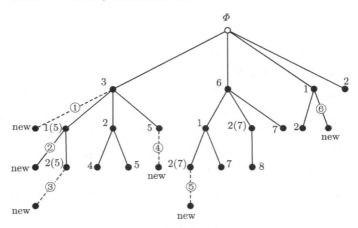

图 5-13　概念树更新示例

当 $G_s = \{3\}$ 时, 满足 $G_s \subseteq O_p \bigcup O_i$, 此时考虑新增结点 new 如图中①所示, 此时 $\omega \subseteq \alpha = \alpha_0$, 符合条件 (3), 则对象 new 不能加入到结点 3 下.

当 $G_s = \{3,1,5\}$ 时, 满足 $G_s \subseteq O_p \bigcup O_i$, 此时考虑新增结点 new 如图中②所示, 此时 $\omega \bigcap \alpha = \varnothing$ 符合条件 (5), 将对象 new 加入到结点 1(5) 下.

当 $G_s = \{3,1,5,2,5\}$ 时, 满足 $G_s \subseteq O_p \bigcup O_i$, 此时考虑新增结点 new 如图中③所示, 此时 $\omega = \beta \bigcap f_{K^*}(\text{new}) = \varnothing$, 符合条件 (1), 则对象 new 不能加入到结点 2(5) 下.

依次类推, 当 $G_s = \{3,5\}$ 时, 此时考虑新增结点 new 如图中④所示, 此时 $\omega \subseteq \alpha_i$, 符合条件 (3), 则对象 new 不能加入到结点 5 下.

依次类推, 当 $G_s = \{6,1,2,7\}$ 时, 此时考虑新增结点 new 如图中⑤所示, 此时 $\omega = \beta$, 符合条件 (2), 则对象 new 不能加入到结点 2(7) 下, 而是将对象结点合并为 2(7,new).

依次类推, 当 $G_s = \{1\}$ 时, 此时考虑新增结点 new 如图中⑥所示, 此时 ω 与 α 相容, 符合条件 (5), 则对象 new 加入到结点 1 下.

依次类推, 直到所有概念树搜索完毕, 得到增量式更新后的概念树如图 5-14 所示. 从概念树中可以直观清晰地得到, 新增对象 new 产生的增量式概念更新对原始概念的影响: 概念增加更新 $(135\text{new}, f)$ 和 $(1\text{new}, df)$, 将原始概念 $(1267, d)$ 代替更新为 $(1267\text{new}, d)$.

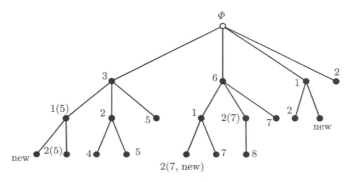

图 5-14 更新后概念树

5.5 本 章 小 结

在本章中, 我们从另一个角度讨论了形式概念的获取问题, 在属性拓扑的理论框架下, 给出了两种增量式概念认知学习算法. 一是通过对象拓扑的坍缩和递归的深度优先搜索算法为思想获取新概念, 然后进行增量式的概念计算. 二是以概念树为表现形式, 通过对新增对象的分析, 进行概念树的更新, 并加入约束条件, 从而实现增量式的概念学习. 这两种算法充分地利用属性拓扑的图特性和偏序特性, 直观清晰地描述出了增量渐进式的概念认知学习过程.

参 考 文 献

[1] 杜钢虎. 大数据时代背景下数据挖掘技术刍议 [J]. 电子技术与软件工程, 2015(14): 221.

[2] 李平荣. 大数据时代的数据挖掘技术与应用 [J]. 重庆三峡学院学报, 2014(3): 45–47.

[3] 李涛. 数据挖掘的应用与实践: 大数据时代的案例分析 [M]. 厦门: 厦门大学出版社, 2013.

[4] 萨伽德. 认知科学导论 [M]. 北京: 中国科学技术大学出版社, 1999.

[5] Ganter B, Wille R. Formal Concept Analysis: Mathematical Foundations [M]. New York: Spring-Verlag, 1999: 5–75.

[6] 马垣. 形式概念及其新进展 [M]. 北京: 科学出版社, 2011: 1–60.

[7] 张涛, 任宏雷, 洪文学, 等. 基于属性拓扑的可视化形式概念计算 [J]. 电子学报, 2014, 42(5): 925–932.

[8] Zhang T, Ren H, Wang X. A Calculation of Formal Concept by attribute topology[J]. Icic

Express Letters Part B Applications An International Journal of Research & Surveys, 2013, 4: 793–800.

[9] Zhang T, Li H, Hong W, et al. Deep First Formal Concept Search[J]. Scientific World Journal, 2014, 2014: 275679.

[10] Godin R, Missaoui R, Alaoui H. Incremental concept formation algorithms based on galois (concept) lattices[J]. Computational Intelligence, 1995, 11(2): 246–267.

[11] 余远, 钱旭, 钟锋, 等. 基于最大概念的概念格增量构造算法 [J]. 计算机工程, 2009, 35(21): 62–64.

[12] 谢志鹏, 刘宗田. 概念格的快速渐进式构造算法 [J]. 计算机学报, 2002, 25(5): 490–496.

[13] 智慧来. 概念格对象渐减维护与关联规则更新 [J]. 计算机工程与应用, 2014, 40(1): 21–23.

[14] Kvam P D, Pleskac T J, Yu S, et al. Interference effects of choice on confidence: Quantum characteristics of evidence accumulation[J]. Proceedings of the National Academy of Sciences of the United States of America, 2015, 112(34): 10645–10650.

第6章 属性拓扑与概念格的双向转化

本章以第 3 章全局形式概念搜索为桥梁, 分析属性拓扑 [1] 与概念格 [2,3] 的转化关系, 进一步阐述了属性拓扑与概念格的关系, 从而首先将路径生成过程用树形结构进行表示, 并将路径遍历结点看作形式概念, 以此提出概念树的概念; 然后用数学证明了概念树进一步生成概念格的可行性, 证明了属性拓扑与概念格转化关系; 最后在此理论支撑下, 提出了概念格到属性拓扑的双向转化算法. 该算法首次确定了属性拓扑与概念格的相互转化关系, 为属性拓扑与形式概念分析 [4,5] 的全面兼容奠定了理论基础.

6.1 属性拓扑到概念格的转化

由 1.1.4 节可知, 对于一个确定的形式背景, 概念格是唯一的.

对于一个概念格 $L = (V_L, E_L)$, V_L 为概念格中所有的形式概念结点的集合, 由全局概念 $(\varnothing, M) \in V_L$ 可唯一得到一个形式背景的属性集合 M, 而对于 $\forall m \in M$, $g(m) = \{\bigcup A_i | B_i \bigcap \{m\} = m, (A_i, B_i) \in V_L - (\varnothing, M)\}$, 即由概念格可以唯一得到形式背景.

由上述分析可知, 形式背景与概念格是唯一对应的.

由性质 2-1 可知, 形式背景与属性拓扑表示是一一对应的.

综上所述, 对于一个形式背景, 唯一存在一个概念格和属性拓扑与之一一对应, 即概念格与属性拓扑是唯一对应的.

上述理论为阐述概念格与属性拓扑的转化关系奠定了理论基础.

6.1.1 概念树的生成

第 3 章描述的算法过程实际上是所有符合条件的遍历路径的获得过程. 为了更好地呈现到概念格的实现过程, 本节将起点和终点之间全部路径的遍历过程用树形结构表示. 在树形结构中, 所有路径是按从左到右的顺序依次生成的, 每一条路径上的结点是按从上到下的顺序生成的.

以图 3-1 所示的属性拓扑为例, 生成的树形结构如图 6-1 所示. 每一条路径都是以 Φ 为起点, 以叶子结点为终点的, $m_i(m_j)$ 代表该结点 m_i 所在路径经过结点 m_j.

对于树形结构中的任意结点, 将该结点所在的路径中遍历至此经过的所有的属性结点集合看作内涵, 将下端与该结点相连的边上的权值作为外延, 即将所有结点看作概念, 进而构成一棵概念树. 概念树直观地表现了概念搜索和生成过程, 增强了概念计算的可视化特性, 清晰地展现了概念之间的层次关系, 为进一步完成到概念格的转化奠定基础.

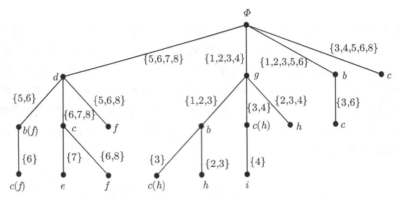

图 6-1 图 3-1 所示属性拓扑的路径遍历树形图

将图 6-1 中各个结点代表的概念标注在该结点上, 得到概念树, 如图 6-2 所示. 图 6-2 中包含了除全局概念 $(\varnothing, \{b, c, d, e, f, g, h, i\})$ 之外的全部概念.

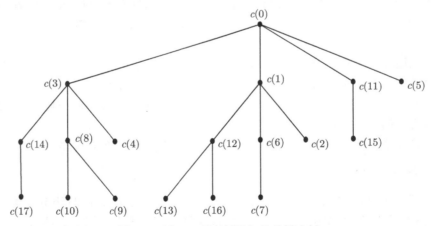

图 6-2 图 3-1 所示属性拓扑的概念树

6.1.2 属性拓扑到概念格转化关系

由属性拓扑与概念格的唯一对应关系可知, 属性拓扑与概念格是可以相互转化的. 本节在属性拓扑的概念计算的基础上, 以生成的概念树为桥梁, 用数学证明了属性拓扑与概念格转化关系, 为二者的相互转化算法提供了理论基础.

设将路径遍历得到的树形结构表示为 $T_r = (D_r, R_r)$, 概念树表示为 $T_c = (D_c, R_c)$.

在树形结构中, 设存在一条路径 $\text{Path}_t = \{d_0 \Lambda d_1 \Lambda \cdots \Lambda d_t(d_n) \Lambda d_{t+1} \Lambda \cdots \Lambda d_q(d_m) \Lambda \cdots \Lambda d_k\}$. 若存在结点 $d_t(d_n)$ 的兄弟结点 d_n(处于路径 Path_n), 则将路径 Path_t 中的子路径 $\{d_{t-1} \Lambda d_t(d_n) \Lambda \cdots \Lambda d_q(d_m) \Lambda \cdots \Lambda d_k\}$ 作为结点 d_n 的子树移除到路径 Path_n 中. 相应地, 概念树进行对应更新, 且若不做特殊说明, 下文中提到的概念树 $T_c = (D_c, R_c)$ 均为更新后的概念树.

定理 6-1 基于属性拓扑的全局形式概念搜索所得的概念树是概念格的子图.

证明 对于形式背景 $K = (G, M, I)$, 其半序集 $((G, M, I), \leqslant)$ 的 Hasse 图 $T_e = (V_e, E_e)$ 满足: $V_e = \mathfrak{B}(G, M, I)$, $E_e = \{(\alpha, \beta) \in \mathfrak{B}(K) \times \mathfrak{B}(K) | \alpha \prec \beta\}$.

在概念格中, 对于 $(A_1, B_1), (A_2, B_2) \in \mathfrak{B}(K)$, 并且 $(A_1, B_1) \prec (A_2, B_2)$, 均满足:

(1) $(A_1, B_1) \leqslant (A_2, B_2)$, 即 $A_1 \subseteq A_2$(等价于 $B_2 \subseteq B_1$);

(2) 不存在概念 (A_3, B_3), 使得 $A_1 \subset A_3 \subset A_2$;

(3) (A_1, B_1) 一定在 (A_2, B_2) 的下面.

概念树中的所有结点为 $\mathfrak{B}(K)$(除了 $(\varnothing, M)$), 即 $T_c.D_c \bigcup (\varnothing, M) = T_e.D_e$.

由路径搜索过程可知, 概念树由若干条概念路径构成, 即 $T_c = \{T_1 \bigcup T_2 \bigcup \cdots \bigcup T_h\}$, 且每一条路径中依次生成的结点按从上到下的顺序排列.

假设当前路径为 $P = \overset{k}{\Lambda} X_{(\text{SPAs, SBAs})}$, $k \leqslant n_0 + 2$, $I = \{x_1, x_2, \cdots, x_k\}$, 概念集 $C_X = \{(A_1, B_1), (A_2, B_2), \cdots, (A_l, B_l)\}$. 当前概念路径 $T_i = ((A_1, B_1), (A_2, B_2), \cdots, (A_{u-1}, B_{u-1}), (A_u, B_u)), u \leqslant k)$ 且 $(A_u, B_u) = (\angle \text{Path}, I)$. 假设当前遍历属性 m 满足结点搜索条件, 路径进行更新, $\text{Path}' = \text{Path} \Lambda \{m\}$, $\angle \text{Path}' = \angle \text{Path} \bigcap g(m)$, $I' = I \bigcup \{m\}$.

当 $\angle \text{Path}' \neq \angle \text{Path}$ 时, 概念路径更新为 $T_i = ((A_1, B_1), (A_2, B_2), \cdots, (A_u, B_u), (A_u \bigcap g(m), B_u \bigcup \{m\}))$, 满足

$$A_u \supset A_u \bigcap g(m) \tag{6-1}$$

当 $\angle \text{Path}' = \angle \text{Path}$ 时, 概念路径更新为 $T_i = ((A_1, B_1), (A_2, B_2), \cdots, (A_{u-1}, B_{u-1}), (A_u, B_u \bigcup \{m\}))$, 满足

$$A_{u-1} \supset A_u \tag{6-2}$$

依次类推, 当前路径遍历完之后, $T_i = ((A_1, B_1), (A_2, B_2), \cdots, (A_h, B_h))$. 对于概念路径中的各个概念, 从上到下依次排列.

结合式 (6-1) 和 (6-2) 有

$$A_1 \supset A_2 \supset \cdots \supset A_h$$

由 3.2 节可知, 概念树中除了根结点 (U, Ψ), 每一个概念结点只有一个父结点, 即对于 $\forall((A_1, B_1), (A_2, B_2)) \in R_c$, 满足

$$A_1 \supset A_2 \tag{6-3}$$

对于 $\forall(A_j, B_j) \in D_c, j \neq 1, 2$, 均满足 $(A_j, B_j), (A_2, B_2) \notin R_c$, 即

$$A_2 \not\subset A_j \tag{6-4}$$

结合式 (6-3) 和 (6-4) 可知, 不存在 $(A_j, B_j) \in D_c, j \neq 1, 2$, 使得

$$A_1 \supset A_j \supset A_2$$

综上所述, 在 $T_c = (D_c, R_c)$ 中, 对于 $\forall(A_1, B_1), (A_2, B_2) \in D_c$, 并且 $((A_1, B_1), (A_2, B_2)) \in R_c$, 均满足条件 (1)、(2) 和 (3), 即该概念树是概念格的一部分. □

定义 6-1　对于概念树集合 $T_c = \{T_1, T_2, \cdots, T_s\}$, 其中 $T_i = (D_i, R_i), i \in [1, s]$. 定义 $\bigcup TC := (\bigcup TC.D, \bigcup TC.R)$, 其中 $\bigcup TC.D := \bigcup\limits_{i=1}^{\#\{TC\}} T_i.D_i$ 和 $\bigcup TC.R := \{(d_i, d_j) | (d_i, d_j) \in [1, \#\{TC\}]\}, i \neq j$.

由属性拓扑的全局形式概念搜索算法可知, 对于 AT. V 内结点的不同排列顺序, 可以形成不同的概念树. 设所有的概念树构成的集合为 CTree $= \{Tc_1, Tc_2, \cdots, Tc_y\}$, 由定义 6-1 可知, $\bigcup$CTree 构成一个格结构, 记作 Lr, Lr 中所有叶子结点的集合记作 D_{leaf}. 构造树结构 $T_{\text{End}} = (D_{\text{End}}, R_{\text{End}})$, 其中, $D_{\text{End}} = D_{\text{leaf}} \bigcup \{(\varnothing, M)\}$, $R_{\text{End}} = \{(d_i, (\varnothing, M)) | d_i \in D_{\text{End}}\}$.

定理 6-2　构造格结构 LDr $= \{$Lr, $T_{\text{End}}\}$, $\bigcup$LDr 即构成概念格.

证明　设所有可能的概念树构成的集合为 CTree $= \{Tc_1, Tc_2, \cdots, Tc_y\}$.

对于 $\forall C_i = (A_i, B_i) \in T_c$, 令 Tlevel$(C_i) = \#\{B_i\} + 1$, 为了方便描述, 假设构造概念树时, 概念 C_i 所在层数为 Tlevel(C_i), 即同样满足父子概念间的上下关系. 在不同的概念树中, 概念个数及各个概念结点所在层数是固定的.

对于 $C = (A, B) \in T_c$, $B = \{b_1, b_2, \cdots, b_r\}$, $\#\{B\} = r$. 对于 $\forall Tc_i = (Dc_i, Rc_i) \in$ CTree, 令

$$\text{Clow} = \{C_j = (A_j, B_j) | \text{Tlevel}(C_j) \geqslant r + 1, C_j \in Dc_i\}$$

$$\text{Clow}_1 = \{C_j = (A_j, B_j) | \text{Tlevel}(C_j) = r + 1, C_j \in Dc_i\} \tag{6-5}$$

$$\text{Clow}_2 = \{C_j = (A_j, B_j) | \text{Tlevel}(C_j) > r + 1, B_j \bigcap B = B, C_j \in Dc_i\}$$

由算法描述可知, $\forall(A_j, B_j) \in \text{Clow}_1$, 均满足 $((A_j, B_j), (A, B)) \notin Rc_i$.

(i) 当 $\text{Clow}_2 \neq \varnothing$.

设 $\mathrm{Clow}_2 = \bigcup\limits_{i=0}^{z} \mathrm{Cl}_i$, 其中对于 $\forall \mathrm{Cl}_i, \mathrm{Cl}_j \in \mathrm{Clow}_2$, 满足:

(1) $\mathrm{Cl}_i = \{(A_1, B_1), (A_2, B_2), \cdots, (A_j, B_j) | B_1 \bigcap B_2 \bigcap \cdots \bigcap B_j = B_1\}$, 且令

$$\mathrm{Cl}_i^{\nabla} = g(\mathrm{Cl}_i) \tag{6-6}$$

(2) $\forall C_k \in \mathrm{Cl}_j$,

$$B_k \bigcap \mathrm{Cl}_i^{\nabla} \neq \mathrm{Cl}_i^{\nabla} \tag{6-7}$$

由概念格构造与式 (6-6) 和 (6-7) 可知, 满足

$$\{\mathrm{Cl}_i^{\nabla} | i \in [1, z]\} = \{C_j | (C_j, C) \in \beta(K) \times C, C_j \prec C\} \tag{6-8}$$

在结点 C 和任意的结点排序基础上, 遍历完一整条概念路径 $T_v = (D_v, R_v)$, 即有

$$D_v = \{(A_1, B_1), \cdots, (A, B), (A_p, B_p), \cdots, (A_{p+m}, B_{p+m})\} \tag{6-9}$$

即对于任意非空集合 $N \subset U - B$, 满足

$$B_p = B \bigcup N \tag{6-10}$$

由算法描述可知, 满足

$$B \subset B_p \subset \cdots \subset B_{p+m} \tag{6-11}$$

结合式 (6-5)、(6-10) 和 (6-11) 可知, 在任意结点排序基础上, 生成的所有的满足 "(C_p, C) 属于概念树" 的概念 (A_p, B_p), 有

$$(A_p, B_p) \in \mathrm{Clow}_2 \tag{6-12}$$

由式 (6-9) 可知, 任意概念树中, 不存在概念 $(A_s, B_s) \in \mathrm{Clow}_2$, 使得

$$A_p \subset A_s \subset A \tag{6-13}$$

由式 (6-5)、(6-12) 和 (6-13) 可知

$$\{(A_p, B_p)\} = \{C_i | C_i \bigcap C_k = C_i, \forall C_k \in \mathrm{Clow}_2\} \tag{6-14}$$

由式 (6-6)、(6-7) 和 (6-14) 可知

$$\{(A_p, B_p)\} = \{\mathrm{Cl}_i^{\nabla} | i \in [1, z]\} \tag{6-15}$$

(ii) 当 $\mathrm{Clow}_2 = \varnothing$.

即对于当前概念 $C = (A, B)$ 和 $\forall Tc_i = (Dc_i, Rc_i) \in \text{CTree}$, 不存在概念 (A_q, B_q), 使得

$$(A_q, B_q), (A, B) \in Tc_i \tag{6-16}$$

对于上述概念 (A, B), 满足:

$$((\varnothing, M), (A, B)) \in E_e \tag{6-17}$$

结合式 (6-8)、(6-15)、(6-16) 和 (6-17) 可知, $\bigcup \text{LDr}$ 即构成概念格.　　　　□

在属性拓扑的全局形式概念搜索算法基础上, 上述性质证明了属性拓扑与概念格的转化关系. 为二者的相互转化算法提供了理论基础.

根据 3.1.3 节的结点排序和定理 6-2 可知, 在结点排序规则下, 可以生成多种可能的固有排序属性集合. 基于不同的固有排序属性集合, 可以生成不同的概念树. 对于表 2-1 所示形式背景, 在不同的属性排序基础上, 生成的任意 3 个概念树如图 6-3 所示, 其对应的概念格如图 6-4 所示.

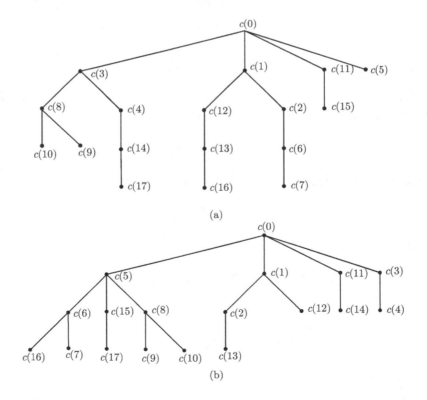

(a)

(b)

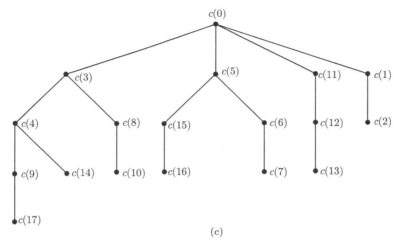

图 6-3　表 2-1 形式背景下生成的 3 个概念树

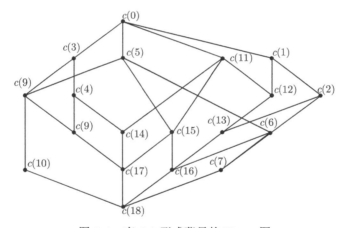

图 6-4　表 2-1 形式背景的 Hasse 图

图 6-2~图 6-4 中 $c(0)$~ $c(18)$ 代表的概念依次为:$(\{1,2,3,4,5,6,7,8\},\varnothing)$,$(\{1,2,3,4\},\{g\})$,$(\{2,3,4\},\{g,h\})$,$(\{5,6,7,8,\},\{d\})$,$(\{5,6,8\},\{d,f\})$,$(\{3,4,6,7,8\},\{c\})$,$(\{3,4\},\{c,g,h\})$,$(\{4\},\{c,g,h,i\})$,$(\{6,7,8\},\{c,d\})$,$(\{6,8\},\{c,d,f\})$,$(\{7\},\{c,d,e\})$,$(\{1,2,3,5,6\},\{b\})$,$(\{1,2,3\},\{b,g\})$,$(\{2,3\},\{b,g,h\})$,$(\{5,6\},\{b,d,f\})$ $(\{3,6\},\{b,c\})$,$(\{3\},\{b,c,g,h\})$,$(\{6\},\{b,c,d,f\})$,$(\varnothing,\{b,c,d,e,f,g,h,i\})$.

比较图 6-3 和图 6-4 可知, 图 6-3 所示的 3 个概念树均为图 3-6 所示 Hasse 图的子图, 清晰地表示了概念间的层次关系. 所有可能的概念树可以组合生成概念格, 即实现了属性拓扑到概念格的转化.

6.2   概念格到属性拓扑的转化

由 6.1 节描述可知, 概念格与属性拓扑是可以相互转化的, 本节提出一种概念格到属性拓扑的转化算法.

要生成属性拓扑, 首先需要确定属性拓扑中各个属性结点和结点之间的边. 为了便于实现概念格到属性拓扑的转化, 本节提出如下相关定理:

定理 6-3   对于形式背景 $K = (G, M, I)$, 其中 $\exists m \in M$ 为顶层属性, 则 $(g(m), m)$ 一定为该形式背景下的形式概念 [6].

定理 6-4   对于形式背景 $K = (G, M, I)$, 其中 $\exists m \in M$ 为伴生属性, 则 $(g(m), \{m \bigcup \text{ParS}(m)\})$ 一定为该形式背景下的形式概念.

证明   由形式概念的定义可知, 要想证明 $(g(m), \{m \bigcup \text{ParS}(m)\})$ 为形式概念, 只需要满足

$$f((g(m)) = \{m \bigcup \text{ParS}(m)\} \tag{6-18}$$

$$g(\{m \bigcup \text{ParS}(m)\}) = g(m) \tag{6-19}$$

其中,

$$g(\{m \bigcup \text{ParS}(m)\}) = g(m) \bigcap g(\text{ParS}(m)) \tag{6-20}$$

由父属性的概念可知, 对于 $\forall m_i \in \text{ParS}(m)$, 满足

$$g(m_i) \bigcap g(m) = g(m) \tag{6-21}$$

且对于 $\forall m_j \in M - \text{ParS}(m) - \{m\}$, 均满足

$$g(m_j) \bigcap g(m) \neq g(m) \tag{6-22}$$

则有

$$g(m) \bigcap g(\text{ParS}(m)) = g(m) \tag{6-23}$$

结合 (6-20) 和 (6-23) 可知

$$g(\{m \bigcup \text{ParS}(m)\}) = g(m) \tag{6-24}$$

由式 (1-1) 可知

$$f((g(m)) = \{a | a \in M, \forall x \in g(m), (x, a) \in I\}$$

即

$$f((g(m)) = \{a | \forall a \in M, g(a) \supseteq g(m)\} \tag{6-25}$$

结合式 (6-21)、(6-22) 和 (6-25) 可知

$$f((g(m)) = \{m\bigcup\mathrm{ParS}(m)\} \tag{6-26}$$

综合式 (6-24) 和 (6-26) 可知, $(g(m), \{m\bigcup\mathrm{ParS}(m)\})$ 为形式概念. □

在上述理论基础上, 本节提出概念格到属性拓扑的转化算法, 具体描述如下:

对于概念格 $L = (V_L, E_L)$, $V_L = (A_L, B_L)$ 为概念结点集合, E_L 为边的集合. 设唯一对应的未有序化处理的属性拓扑为 $\mathrm{AT} = (V, \mathrm{Edge})$. 属性拓扑的计算过程如图 6-5 所示.

由上述转化算法可知, 该算法以定理 6-3 和定理 6-4 为基础, 通过对概念格的分析, 首先确定顶层属性集和伴生属性集, 然后分别确定每个属性的对象集, 并进一步生成整个属性拓扑.

下面以图 6-4 所示概念格为例来进行概念格到属性拓扑的转化:

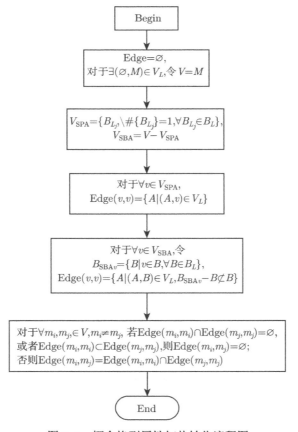

图 6-5 概念格到属性拓扑转化流程图

在图 6-4 所示概念格 $L=(V_L, E_L)$ 中, $V_L=\{(\{1,2,3,4,5,6,7,8\}, \varnothing), (\{1,2,3,4\}, \{g\}), (\{2,3,4\}, \{g,h\}), (\{5,6,7,8,\}, \{d\}), (\{5,6,8\}, \{d,f\}), (\{3,4,6,7,8\}, \{c\}), (\{3,4\}, \{c,g,h\}), (\{1,2,3\}, \{b,g\}), (\{4\}, \{c,g,h,i\}), (\{6,7,8\}, \{c,d\}), (\{6,8\}, \{c,d,f\}), (\{7\}, \{c,d,e\}), (\{1,2,3,5,6\}, \{b\}), (\{2,3\}, \{b,g,h\}), (\{5,6\}, \{b,d,f\}), (\{3,6\}, \{b,c\}), (\{3\}, \{b,c,g,h\}), (\{6\}, \{b,c,d,f\}), (\varnothing, \{b,c,d,e,f,g,h,i\})\}$.

对于 $(\varnothing, bcdefghi) \in V_L$, 该概念格对应的未有序化处理的属性拓扑的顶点集合 $V = \{b,c,d,e,f,g,h,i\}$, 顶层属性集合 $V_{\text{SPA}} = \{B_{L_j} | \#\{B_{L_j}\} = 1, \forall B_{L_j} \in B_L\} = \{b,c,d,g\}$, 伴生属性集合 $V_{\text{SBA}} = V - V_{\text{SPA}} = \{b,c,d,e,f,g,h,i\} - \{b,c,d,g\} = \{e,f,h,i\}$.

对于 $\forall v \in V_{\text{SPA}} = \{b,c,d,g\}$, $\text{Edge}(b,b) = \{A|(A,b) \in V_L\} = \{1,2,3,5,6\}$, $\text{Edge}(c,c) = \{3,4,6,7,8\}$, $\text{Edge}(d,d) = \{5,6,7,8\}$, $\text{Edge}(g,g) = \{1,2,3,4\}$.

对于 $\forall v \in V_{\text{SBA}} = \{e,f,h,i\}$, $B_{\text{SBA}v} = \{B|v \in B, \forall B \in B_L\}$, $\text{Edge}(v,v) = \{A|(A,B) \in V_L, B_{\text{SBA}v} - B \not\subset B\}$. 其中, $B_{\text{SBA}f} = \{\{d,f\}, \{b,d,f\}, \{b,c,d,f\}\}$, $\text{Edge}(f,f) = \{A|(A, \{d,f\}) \in V_L\} = \{5,6,8\}$. $\text{Edge}(e,e) = \{7\}$, $\text{Edge}(h,h) = \{2,3,4\}$, $\text{Edge}(i,i) = \{4\}$.

分别以各个属性结点的对象集为依据, 分别计算各个属性对之间的边的权值, 以此得到整个属性拓扑, 如下所示:

$\text{Edge}(m_i, m_j)$

$$
= \begin{bmatrix}
\{1,2,3,5,6\} & \{3,6\} & \{5,6\} & \varnothing & \{5,6\} & \{1,2,3\} & \{2,3\} & \varnothing \\
\{3,6\} & \{3,4,6,7,8\} & \{6,7,8\} & \{7\} & \{6,8\} & \{3,4\} & \{3,4\} & \{4\} \\
\{5,6\} & \{6,7,8\} & \{5,6,7,8\} & \{7\} & \{5,6,8\} & \varnothing & \varnothing & \varnothing \\
\varnothing & \varnothing & \varnothing & \{7\} & \varnothing & \varnothing & \varnothing & \varnothing \\
\{5,6\} & \{6,8\} & \varnothing & \varnothing & \{5,6,8\} & \varnothing & \varnothing & \varnothing \\
\{1,2,3\} & \{3,4\} & \varnothing & \varnothing & \varnothing & \{1,2,3,4\} & \{2,3,4\} & \{4\} \\
\{2,3\} & \{3,4\} & \varnothing & \varnothing & \varnothing & \varnothing & \{2,3,4\} & \{4\} \\
\varnothing & \varnothing & \varnothing & \varnothing & \varnothing & \varnothing & \varnothing & \{4\}
\end{bmatrix}
$$

$$(6\text{-}27)$$

其对应的属性拓扑如图 2-3 所示, 即完成了概念格到属性拓扑的转化. 上述过程验证了本节提出的由概念格到属性拓扑转化算法的可行性和正确性.

6.3 本章小结

本章在第 3 章形式概念计算的基础上, 将算法生成的全部路径用概念树的形式进行表示, 每一个结点代表生成一个概念, 直观地表现出了概念的计算过程和概念之间的层次关系. 作为对结点遍历过程的可视化显示, 对于不同的结点排序, 可以生成不同的概念树, 且均为概念格的子图. 本章阐述了属性拓扑与概念格的一一对应关系, 然后在此基础上, 以生成的概念树为桥梁, 通过进一步分析概念树生成概念格的可行性, 证明了属性拓扑与概念格的双向转化关系. 并在此理论基础上提出了概念格与属性拓扑的双向转化算法, 并通过实例加以佐证.

　　本章对属性拓扑与概念格转化的可行性分析和算法的提出, 正式建立了二者之间的关联, 反映了属性拓扑的概念特性, 为属性拓扑与形式概念分析的全面兼容奠定理论基础.

参 考 文 献

[1] 张涛, 任宏雷. 形式背景的属性拓扑表示 [J]. 小型微型计算机系统, 2014, 35(3): 590–593.

[2] 胡可云, 陆玉昌, 石纯一. 概念格及其应用进展 [J]. 清华大学学报 (自然科学版), 2000, 40(9):77–81.

[3] Wille R. Concept lattices and conceptual knowledge systems[J]. Computers & Mathematics with Applications, 1992, 23(6-9): 493–515.

[4] Ganter B, Wille R. Formal Concept Analysis: Mathematical Foundations [M]. New York: Spring-Verlag, 1999: 5–75.

[5] 马垣. 形式概念及其新进展 [M]. 北京: 科学出版社, 2011: 1–60.

[6] 张涛, 任宏雷, 洪文学, 等. 基于属性拓扑的可视化形式概念计算 [J]. 电子学报, 2014, 42(5): 925–932.

第三篇
关联分析

第 7 章　属性拓扑与频繁关联挖掘

频繁模式树[1](frequent pattern tree, FP-tree) 是频繁关联挖掘的重要算法. 该算法基于韩家炜博士提出的一种压缩的频繁项目树形结构, 从而省略了候选项集生成的过程, 并提升了频繁项目集发现效率. 其改进主要集中在: 最大频繁项集的有效挖掘[2], 算法并行化[3-5], 负载均衡优化[6,7]. Karim 等利用提前缩小数据集的方法, 从数据预处理的角度, 降低频繁模式树的规模[8].

如果能实现属性拓扑到频繁模式树的双向可逆转化, 就可以利用成熟的频繁模式树及其改进算法实现基于属性拓扑的频繁关联挖掘. 本章首先以二者的构造规则入手, 从集合论的角度证明了二者相互转化可行性, 并以此为基础提出了一种属性拓扑到频繁模式树的双向转化算法. 在属性拓扑到频繁模式树的转化中, 首先将形式背景中的属性按照重要度进行排序, 然后以路径搜索为基本思想, 利用转化性质和条件约束, 可视化地完成属性拓扑到频繁模式树的转化过程. 该算法的反过程即可实现由频繁模式树到属性拓扑的转化. 在该双向转化算法基础上, 即可利用成熟的 FP-tree 算法, 实现属性拓扑的频繁关联规则计算.

7.1　属性拓扑与频繁模式树的二元关系描述

7.1.1　形式背景视角下的频繁模式树

传统频繁模式树是基于事务数据库进行分析研究的, 而属性拓扑是基于形式背景进行定义描述的. 要发现属性拓扑和频繁模式树之间的联系, 首先必须将二者置于统一的描述语境中. 本节将在形式背景下, 分析频繁模式树的本质特征, 为建立属性拓扑与频繁模式树二者的转化关系奠定基础.

属性是对象特征的抽象描述. 共有属性对各对象之间普遍存在的特征进行了描述, 是共性的表达; 独有属性是区别于其他对象的描述, 是特异性的表达. FP-tree 的构造过程实际上是不断从上一层的共有属性拆分成共有属性和独有属性的过程.

设事务数据库为 DB, 支持度阈值为 S, 事务数据库 DB 中符合支持度 S 要求的项目集合称为频繁项集.

由 FP-tree 构造算法可知, 扫描事务数据库 DB 后可获得 DB 中所包含的全部频繁项集合以及集合中每一元素对应的支持度, 将该频繁项目集合记为 1F. 对 1F 中的所有的频繁项按照支持度降序排序得到有序频繁项目集, 记为 SF. 现将 SF 中

每一个元素 (即一个频繁项目) 看做一个属性, 则 SF 可以看做以支持度为序的属性集合, 记为 M. 将每一个频繁项的标识看做一个对象, 可以构成属性集合 M 所对应的对象集合 G, 将每一条频繁项的标识和其中各个频繁项一一对应构成二元关系, 即可构建事务数据库 DB 对应的形式背景.

设形式背景 $K = (G, M, I)$, 对 $\forall m \in M$, 设属性重要度赋值函数 $\text{Degree}(m) = \#\{g | (g, m) \in I, g \in G\}$, 取 $m_i, m_j \in M$, 若满足 $\text{Degree}(m_i) \geqslant \text{Degree}(m_j)$, 则称 m_i 比 m_j 重要. 在 m_i 比 m_j 重要的基础上构建 FP-tree, FP-tree 的一个结点可以表示为一个有序二元组, 该二元组由一个属性和该属性所对应对象集合组成, 当前结点所在层数记为 $\text{Lev}(\cdot)$.

令 FP-tree 的根结点为属性 Ψ, 则 $g(\Psi) = G$, $\text{Lev}(\Psi) = 0$, 二元组标记为 (Ψ, G). 设有属性 a, b 满足 $\text{Degree}(a) \geqslant \text{Degree}(b)$. 为书写方便, 在本章中, 对任意属性 $m \in M$, $g(m)$ 简记为 m'.

由 FP-tree 算法可知, 任意取对象为 g 的一条频繁项表 $[p | P]$, 其中 p 为第一个频繁项, P 为剩下的频繁项, 均进行以下操作:

有以下两种情况:

(1) $p = a$, 即 $(g, a) \in I$, 则在当前 FP-tree 基础上构建边 $\langle \Psi, a \rangle$ 和结点 a, $\text{Lev}(a) = 1$, 二元组标记为 $(\{a\}, \{g\})$, P 的取值有以下两种情况:

(a) $P = b$, 即 $(u, b) \in I$, 则在当前 FP-tree 基础上, 构建边 $\langle a, b \rangle$ 和结点 b, $\text{Lev}(b) = 2$, 二元组标记为 $(\{b\}, \{g\})$.

(b) $P = \varnothing$, 无新结点生成.

(2) $p \neq a$ 即 $(g, a) \notin I$ 成立, 则在当前 FP-tree 基础上构建边 $< \Psi, b >$ 和结点 b, $\text{Lev}(b) = 1$, 二元组标记为 $(\{b\}, \{g\})$.

按照以上步骤遍历完形式背景 K, 如图 7-1 所示.

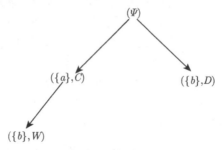

图 7-1　频繁模式树二元连接示意图

边 $\langle \Psi, a \rangle$ 终点处结点 a 的二元组标记为 $(\{a\}, C)$, 其中, $C = \{g | (g, a) \in I\}$, 即 $C = a'$; 边 $\langle \Psi, b \rangle$ 终点处结点 b 的二元组标记为 $(\{b\}, D)$, 其中 $D = \{g | (g, b) \in I$ $g, a) \notin I\}$, 即 $D = b' - a'$; 边 $\langle a, b \rangle$ 终点处结点 b 的二元组标记为 $(\{b\}, W)$. 其

中, $W = \{g|(g,a) \in I \text{ 且 } (g,b) \in I\}$, 即 $W = a' \bigcap b'$.

假设 R_{FP} 为频繁模式树上的二元关系, 而且对于 $\forall a,b \in M$ 且 $\mathrm{Degree}(a) \geqslant \mathrm{Degree}(b)$, 均满足 $(a,b) \in R_{\mathrm{FP}}$, 即 a 和 b 有关系 R_{FP}, 记为 $aR_{\mathrm{FP}}b$.

$$aR_{\mathrm{FP}}b = a' \bigcup (a' \bigcap b') \bigcup (b' - a') \tag{7-1}$$

同理, 可设 R_{AT} 为属性拓扑中二元关系, 在属性拓扑中, 属性 a, 属性 b, 属性 a,b 共有属性 $(a' \bigcap b')$ 三者地位相同, 呈并列形式, 如式 (7-2) 所示.

$$aR_{\mathrm{AT}}b = a' \bigcup (a' \bigcap b') \bigcup b' \tag{7-2}$$

由上述分析可得

$$
\begin{aligned}
aR_{\mathrm{AT}}b &= a' \bigcup (a' \bigcap b') \bigcup b' \\
&= a' \bigcup (a' \bigcap b') \bigcup (b' - a') \bigcup (a' \bigcap b') \\
&= a' \bigcup (a' \bigcap b') \bigcup (b' - a') \\
&= aR_{\mathrm{FP}}b
\end{aligned}
$$

图 7-2 阴影部分表示了 FP-tree 下属性 a,b 之间的二元关系 R_{FP}.

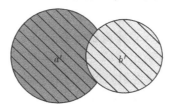

图 7-2 FP-tree 下 a,b 的二元关系 R_{FP} 示意图

由式 (7-1) 可知, R_{FP} 由两部分构成: a' 和 $b'-a'$, 分别如图 7-3(a) 和 (b) 所示.

(a)   (b)

图 7-3 a, b 的二元关系 $R_{\mathrm{FP}} = a' \bigcup (b' - a')$ 示意图

图 7-3 (a) 所示 a' 可分为两部分 $a' - b'$ 和 $a' \bigcap b'$, 分别如图 7-4(a) 和 (b) 所示.

(a)   (b)

图 7-4 a, b 的二元关系 R_{FP} 中 $a' = (a' \bigcap b') \bigcup (a' - b')$

7.1.2　属性拓扑和 FP-tree 的异同点

FP-tree 二元关系如式 (7-1) 所表示, 属性拓扑二元关系如式 (7-2) 所示. 以此为出发点, 可以分析二者的异同, 进而获得二者的转化关系. 综合以上分析可知, 二者的异同如表 7-1 所示.

表 7-1　属性拓扑与频繁模式树的异同对比

		属性拓扑	FP-tree
相同点		均包含三部分 $a' \bigcap b'$、$(a' - b')$ 和 $(b' - a')$, 即存在共同部分 $a' \bigcap b'$, 又存在独有部分 $(a' - b')$ 和 $(b' - a')$	
不同点	偏序性	$a' \bigcap b'$、$(a' - b')$ 和 $(b' - a')$ 并列存在	将 a' 拆分成 $a' \bigcap b'$ 和 $a' - b'$, $a' \bigcap b'$ 看做 a' 的子集 (在 a 比 b 重要前提下)
	表达性	直观表示	关联表示
	表示基础	图	树
	属性关系	平等	层级
	个性与共性	并存	个性服从于共性

由表 7-1 可知, 二者的异同点如下所述:

对于属性拓扑, 由其定义可知, 是对原始数据形式背景 $K = (G, M, I)$ 的另一种表示方式, 表示直观, 不加修饰, 本身无附加意义. 任意属性的二元关系构成了属性拓扑, 且所有的属性关系平等, 没有重要度之分. 对于属性 $a, b \in M$, 属性 a 代表本身的对象, 即 a', 属性 b 代表本身的对象, 即 b', 属性拓扑中二者边上的权值 $\text{Edge}(a, b)$ 代表二者的共有部分 $a' \bigcap b'$, 且三者是并列存在的.

FP-tree 的构造是在各个属性重要度降序排列的基础上进行的, 设 a 比 b 重要, 即 a 的对象集相对大, b 的对象集相对小, a' 部分覆盖 b'. 在 FP-tree 的构造过程中, 对象集大的属性 a 处在上一层, 将 a' 覆盖 b' 的部分作为共有部分, a' 不覆盖 b' 的部分作为 a 的独有部分, 即将 a' 拆分成 $a' \bigcap b'$ 和 $a' - b'$, 且 a' 拆分出来的这两部分作为 a' 的子集分布在下一层. 即 FP-tree 本身是数据结构的表示, 受偏序结构的约束, 本身表示关联. 并且下一层的独有部分是从上一层的共有部分拆分出来的, 服从于上一层的共有部分.

7.1.3　三种二元关系转化

由 7.1.2 节描述可知, 属性拓扑和 FP-tree 二者既具有表示相同的部分, 又存在表示不同的部分. 因此, 以相同点为基础, 利用集合间的转化关系可以完成二者的相互转化.

对于属性拓扑 AT=(V, Edge), 设空属性为 E, 设按 $\text{Degree}(x_i)$ 降序对 $V - \{E\}$ 内属性进行排序后的非空属性集合为 $X = \{x_0, x_1, x_2, \cdots, x_n\}$, $x_0 = \Psi$. 在 X 基础上进行属性拓扑到 FP-tree 的转化. 定义 FP-tree 为 $T = (D, R)$, D 为 FP-tree 中所

有结点的集合, R 为 FP-tree 中结点之间关系的集合. 为了便于表述和计算, 对于 FP-tree 中的每一个结点, 即 $\forall d_j \in D$, 进行如下二元组形式的表示: $(F(d_j), S(d_j))$, 其中 $F(d_j)$ 代表属性值, 有 $F(d_j) \in X$, $S(d_j)$ 代表对象集合. $\#\{\cdot\}$ 代表集合内元素的个数.

对于包含属性 a, b 的形式背景, 转化总体指导思想如下:

(1) 对全部属性进行排序: 令重要属性居前, 设 a 比 b 重要.

(2) 进行属性间的连接: 依据重要度差异及属性覆盖包含关系连接属性, 构建频繁模式树.

(3) 清除结点: 在排序连接的过程中, 清除属性拓扑中失效的结点和路径, 避免重复搜索.

对于形式背景 $K=(G,M,I)$, 两个属性 $a,b \in M$, $\text{Degree}(a) \geqslant \text{Degree}(b)$ 且 a', b' 非空. 由集合论可知, a' 和 b' 有以下三种可能的关系:

(1) 相容关系, 即 $a' \bigcap b' \neq \varnothing$ 且 $a' \bigcap b' \neq a'$ 且 $a' \bigcap b' \neq b'$;

(2) 包含关系, 即 $a' \bigcap b' = b'$;

(3) 互斥关系, 即 $a' \bigcap b' = \varnothing$;

下面分别讨论三种情况下二者的关系转化, 设各实例对应的 FP-tree 均采用 1 支持度.

(1) a' 和 b' 为相容关系.

满足相容关系的一个形式背景如表 7-2 所示.

表 7-2 满足相容关系的形式背景

	a	b
1	×	
2	×	×
3		×

表 7-2 所示形式背景的属性拓扑如图 7-5 所示.

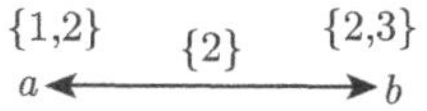

图 7-5 表 7-2 所示形式背景下的属性拓扑

表 7-2 所示形式背景下的 FP-tree 如图 7-6 所示, 有 $\Psi' = a' \bigcup b'$.

由属性拓扑到 FP-tree 的转化过程如图 7-7 (a) 和 (b) 所示, 将属性拓扑中的 $a' \bigcap b'$ 与 $a' - b'$ 部分连接, 构成父结点 a', 如图 7-7 (a) 所示. a' 与 $b' - a'$ 并列连接, 构成父结点 $U = a' \bigcup b'$, 如图 7-7 (b) 所示.

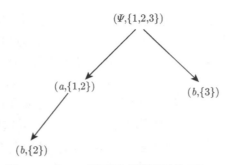

图 7-6   表 7-2 所示形式背景下的 FP-tree

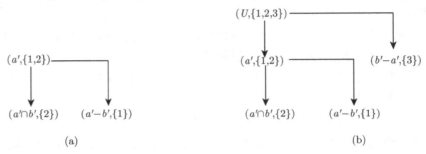

图 7-7   图 7-5 所示属性拓扑到 FP-tree 的转化过程

由图 7-7(a) 和 (b) 可知, 对于父结点 $U=\{1,2,3\}=(\{1\}\bigcup\{2\})\bigcup\{3\}$, 即在 a' 和 b' 为相容关系的前提下, $R_{\mathrm{FT}} = ((a' - b')\bigcup(a'\bigcap b'))\bigcup(b' - a')$.

(2) a' 和 b' 为包含关系.

满足包含关系的一个形式背景如表 7-3 所示.

表 7-3   满足包含关系的形式背景

	a	b
1	×	×
2	×	

表 7-3 所示形式背景的属性拓扑 (未退化) 如图 7-8 所示.

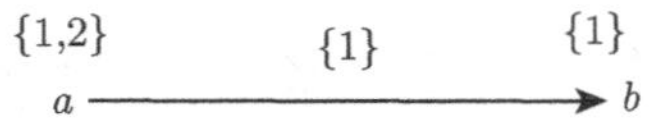

$$\{1,2\} \qquad \{1\} \qquad \{1\}$$
$$a \longrightarrow b$$

图 7-8   表 7-3 所示形式背景下的属性拓扑

表 7-3 所示形式背景下的 FP-tree 如图 7-9 所示, 有 $\Psi' = a'\bigcup b'$.

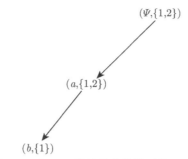

图 7-9　表 7-3 所示形式背景下的 FP-tree

由属性拓扑到 FP-tree 的转化过程如图 7-10(a)、(b) 和 (c) 所示, 将属性拓扑中的 $a' \bigcap b'$ 与 $a' - b'$ 部分连接, 构成父结点 a', 如图 7-10(a) 所示. a' 与 $b' - a'$ 并列连接, 构成父结点 $U = a' \bigcup b'$, 如图 7-10(b) 所示. 由图 7-10(b) 所示, $b' - a' = \varnothing$, 无意义, 即将该部分舍去, 得到图 7-10(c).

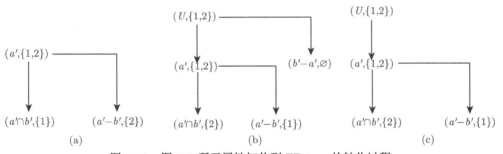

图 7-10　图 7-8 所示属性拓扑到 FP-tree 的转化过程

由图 7-10(a)、(b) 和 (c) 可知, 对于父结点 $U = \{1,2\} = \{2\} \bigcup \{1\}$, 即在 a' 和 b' 为包含关系的前提下 $R_{\text{FT}} = (a' \bigcap b') \bigcup (a' - b')$.

(3) a' 和 b' 为互斥关系.

满足互斥关系的一个形式背景如表 7-4 所示.

表 7-4　满足互斥关系的形式背景

	a	b
1	×	
2		×

表 7-4 所示形式背景的属性拓扑 (未退化) 如图 7-11 所示.

$\{1\}$　　　　　　　　　　　　　$\{2\}$

a　　　　　　　　　　　　　　b

图 7-11　表 7-4 所示形式背景下的属性拓扑

表 7-4 所示形式背景下的 FP-tree 如图 7-12 所示, 有 $\Psi' = a' \bigcup b'$.

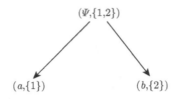

图 7-12   表 7-4 所示形式背景下的 FP-tree

由属性拓扑到 FP-tree 的转化过程如图 7-13(a)、(b) 和 (c) 所示, 将属性拓扑中的 $a' \bigcap b'$ 与 $a' - b'$ 部分连接, 构成父结点 a', 如图 7-13(a) 所示. a' 与 $b' - a'$ 并列连接, 构成父结点 $U = a' \bigcup b'$, 如图 7-13(b) 所示. 由图 7-13(b) 所示, $b' - a' = \varnothing$, 无意义, 即将该部分舍去, $a' = a' - b'$, 即子结点与父结点相同, 舍去父结点, 得到图 7-13(c).

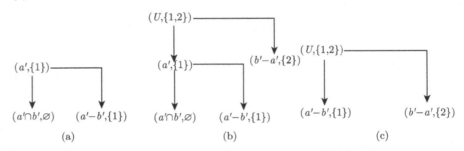

图 7-13   图 7-11 所示属性拓扑到 FP-tree 的转化过程

由图 7-13(a)、(b) 和 (c) 可知, 对于父结点 $U=\{1,2\}=\{1\}\bigcup\{2\}$, 即在 a' 和 b' 为互斥关系的前提下 $R_{FT} = (a' - b') \bigcup (b' - a')$.

上述三种情况讨论了两个属性之间所有二元关系的转化情况.

7.2   属性拓扑到频繁模式树转化算法

7.1 节从集合的角度描述了从属性拓扑到 FP-tree 转化的可行性, 在此基础上提出由属性拓扑到 FP-tree 的转化算法, 该算法首先将所有的属性按照一定的顺序进行重新排序, 在此基础上, 以深度优先搜索为基础, 通过条件约束的限定, 实现属性拓扑到 FP-tree 的转化.

属性结点的排序描述如下:

设形式背景为 $K = (G, M, I)$, 该形式背景下的属性拓扑为 AT=(V, Edge), V 为该形式背景下属性拓扑的全部属性集合, Ψ 为全局属性, E 为空属性. 顶层属性集为 SupAttr$A \subseteq V$, 伴生属性集 SubAttr$B \subset V$-SupAttr, 对 $\forall v_i \in V$, 按照 Degree(v_i) 对 SupAttr$A$ 中各个属性进行稳定降序排列得到 SupAttrA^∂, 同理得到 SubAttrB^∂, 最终得到新的属性集合 $V = \{\Psi, \text{SupAttr}A^\partial, \text{SubAttr}B^\partial, E\}$, 设下面提到的属性拓扑中的属性集合 V 均为排序后的属性集合.

下面通过实例来实现结点的排序, 对于表 2-1 所示形式背景, 顶层属性集合为 $A = \{a, d\}$, Degree $(a) = 3$, Degree $(d) = 2$, 则 $A^\partial = \{a, d\}$. 对于伴生属性集合 $B = \{c, e\}$, Degree $(c) = 2$, Degree $(e) = 1$, 则 $B^\partial = \{c, e\}$, 则排序后的属性集合 $V = \{\Psi, a, d, c, e, E\}$.

定义 7-1 设频繁模式树 $T = \langle D, R \rangle$, 对于 $\forall d \in D$, 定义一种映射 $P : d \to d$ 满足:

(1) $d \mapsto P(d) \triangleq d^P$;

(2) $\langle d^P, d \rangle \in R$.

定义 7-2 设集合 $C = \{c_0, c_1, \cdots, c_k\}$, 对于 $\forall c_i \in C, i \in [1, k]$, 定义 c_i 在集合 C 中的次序号为 $\text{In}^C(c_i) = i$.

在属性拓扑 AT=(V, Edge) 的基础上, 进行由属性拓扑到 FP-tree 的转化算法. 设 $\#\{V\} = n+1$, n 为属性拓扑中非空且非全局属性个数. Last$(\cdot)$ 代表有序集合的最后一个元素, 算法步骤如下:

算法名称: 属性拓扑到频繁模式树转化算法.

算法功能: 实现属性拓扑到频繁模式树的转化.

输入: 属性拓扑.

输出: 频繁模式树.

Step 1 更新属性拓扑, 对于 $\forall a, b \in V$, 若 Edge$(a, b) = \varnothing$, Edge$(b, a) \neq \varnothing$, 则令 Edge(b, a)=Edge(a, b); 若 Edge$(a, b) \neq \varnothing$, Edge$(b, a) = \varnothing$, 则令 Edge(a, b)=Edge(b, a).

Step 2 令 $i=0$, 创建结点 d_0. d_0 作为根结点, 令 $F(d_0) = \Psi$, $S(d_0) = \Psi'$, 则频繁模式树结点集合 $D = \{(\Psi, \Psi')\}$, 路径集合 $R = \Phi$, 当前路径为 $P = \langle (\Psi, \Psi') \rangle$, $i = i+1$.

Step 3 令集合 $C = S(d_0) \bigcap \text{Edge}(v_i, F(d_0))$, 若 $C = \varnothing$, 则进行 Step 6; 否则进行 Step 4.

Step 4 创建新的结点 d_j, 令 $F(d_j) = v_i$, $S(d_j) = C$, 则 $D = D \bigcup \{(v_i, C)\}$, 并构造新的边 $\langle (F(d_0), S(d_0)), (v_i, C) \rangle$, 则 $R = R \bigcup \{\langle (F(d_0), S(d_0)), (v_i, C) \rangle\}$.

Step 5 属性拓扑进行更新:

Edge(v_i, v_i)=Edge$(v_i, v_i)-C$, Edge$(m, F(d_0))$=Edge$(m, F(d_0))-C$, $\forall m \in V$, $m \neq F(d_0)$; Edge$(F(d_0), m)$=Edge$(m, F(d_0))$. 若 Edge$(F(d_0), m) = \varnothing$, 则删除属性拓扑中的边 $\langle F(d_0), F(m) \rangle$.

更新后, 执行 Step 6.

Step 6　若 $i < n, C \neq \varnothing$, 则令 $d_0 = d_j$, 进行 Step 10, 不满足则进行 Step 7.

Step 7　若 $d_0 == d_j$, 有 $d_0 = d_0^P$. 若不满足则进行 Step 8.

Step 8　求取其父属性结点, $d_j = d_j^P$, $d_0 = d_0^P$.

Step 9　令 $i = \text{In}^V(S(d_j))$.

Step 10　$i = i+1$.

Step 11　若属性拓扑边的集合为空集, 算法结束, 否则, 进行 Step 3.

以表 7-5 所示形式背景为例, 可得其属性拓扑如图 7-14 所示.

表 7-5　形式背景

	a	c	d	e
1	×		×	×
2	×	×		
3			×	
4	×	×		

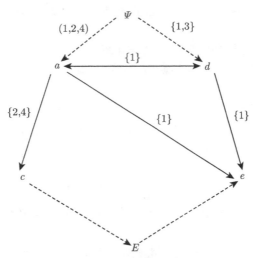

图 7-14　表 7-5 形式背景的属性拓扑表示

以下以图 7-14 所示的属性拓扑为例来分析属性拓扑到 FP-tree 的转化过程:

(1) 创建结点 d_0, 作为根结点, $F(d_0) = \Psi$, $S(d_0) = \Psi' = \{1,2,3,4\}$, $D = \{(\Psi, \{1,2,3,4\})\}$, $R = \varnothing$, 当前 FP-tree 为 $T = (\{(\Psi, \{1,2,3,4\})\}, \varnothing)$, 如图 7-15 所示, 有 $\#\{V\} = n+2 = 6$.

$$(\Psi, \{1,2,3,4\})$$

图 7-15　创建根结点后的 FP-tree

(2) $i=i+1=1$, $v_1=a$, $C=S(d_0)\bigcap\text{Edge}(v_i,F(d_0))=\{1,2,3,4\}\bigcap\text{Edge}(a,\varPsi)=\{1,2,3,$ $4\}\bigcap\{1,2,4\}=\{1,2,4\}\neq\varnothing$,则生成新的结点 d_j, $F(d_j)=a$, $S(d_j)=C=\{1,2,4\}$, 结点 d_j 表示为 $(a,\{1,2,4\})$, $D=D\bigcup\{(a,\{1,2,4\})\}=\{(\varPsi,\{1,2,3,4\}),(a,\{1,2,4\})\}$, 生成新的边 $\langle(\varPsi,\{1,2,3,4\}),(a,\{1,2,4\})\rangle$, $R=\{\langle(\varPsi,\{1,2,3,4\}),(a,\{1,2,4\})\rangle\}$, 当前路径为 $P_0=\langle(\varPsi,\{1,2,3,4\}),(a,\{1,2,4\})\rangle$. 新生成的 FP-tree 如图 7-16 (a) 所示.

属性拓扑进行更新: $\text{Edge}(a,a)=\text{Edge}(a,a)-C=\{1,2,4\}-\{1,2,4\}=\varnothing$, 对于 $m\in V$, $m\neq F(d_0)=\varPsi$, $\text{Edge}(m,\varPsi)=\text{Edge}(m,\varPsi)-C$, $\text{Edge}(\varPsi,m)=\text{Edge}(m,\varPsi)$. 情况如下:

$m=a$, $\text{Edge}(\varPsi,a)=\text{Edge}(a,\varPsi)=\text{Edge}(\varPsi,a)-C=\{1,2,4\}-\{1,2,4\}=\varnothing$, 则删除属性拓扑中的边 $\langle\varPsi,a\rangle$.

$m=d$, $\text{Edge}(\varPsi,d)=\text{Edges}(d,\varPsi)=\text{Edge}(\varPsi,d)-C=\{1,3\}-\{1,2,4\}=\{3\}$.

$m=c$, $\text{Edge}(\varPsi,c)=\text{Edge}(c,\varPsi)=\text{Edge}(\varPsi,c)-C=\varnothing-\{1,2,4\}=\varnothing$.

$m=e$, $\text{Edge}(\varPsi,e)=\text{Edge}(e,\varPsi)=\text{Edge}(\varPsi,e)-C=\varnothing-\{1,2,4\}=\varnothing$.

属性拓扑更新如图 7-16(b) 所示. $i=1<n$ 且 $C\neq\varnothing$, 由算法流程可知, 令 $d_0=d$.

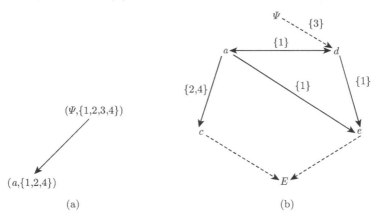

图 7-16　执行 Step 2 后的 FP-tree(a) 和属性拓扑 (b)

(3) $i=i+1=2$, $v_i=d$, $C=S(d_0)\bigcap\text{Edge}(v_i,F(d_0))=S(a)\bigcap\text{Edge}(d,a)=\{1,2,4\}\bigcap\{1\}=\{1\}\neq\varnothing$. 生成新的结点 d_j, $F(d_j)=d$, $S(d_j)=C=\{1\}$, 结点 d_j 表示为 $(d,\{1\})$, $D=D\bigcup\{(d,\{1\})\}=\{(\varPsi,\{1,2,3,4\}),(a,\{1,2,4\}),(d,\{1\})\}$, 生成新的边 $\langle(a,\{1,2,4\}),(d,\{1\})\rangle$, $R=\{\langle(\varPsi,\{1,2,3,4\}),(a,\{1,2,4\})\rangle,\langle(a,\{1,2,4\}),(d,\{1\})\rangle\}$. 当前路径为 $P_0=\langle(\varPsi,\{1,2,3,4\}),(a,\{1,2,4\}),(d,\{1\})\rangle$. 新生成的 FP-tree 如图 7-17(a) 所示.

属性拓扑进行更新: $\text{Edge}(d,d)=\text{Edge}(d,d)-C=\{1,3\}-\{1\}=\{3\}$. 对于 $m\in\text{V}$, $m\neq F(d_0)=a$, $\text{Edge}(m,a)=\text{Edge}(m,a)-C$, $\text{Edge}(a,m)=\text{Edge}(m,a)$. 情况如下:

$m=d$, $\text{Edge}(a,d)=\text{Edge}(d,a)=\text{Edge}(a,d)-C=\{1\}-\{1\}=\varnothing$, 则删除边 $\langle a,d\rangle$.

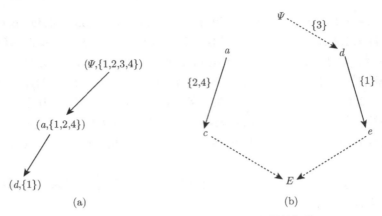

图 7-17　执行 Step 3 后的 FP-tree(a) 和属性拓扑 (b)

$m = c$, Edge(a,c)=Edge(c,a)= Edge$(a,c) - C$={2,4}−{1}={2,4}.

$m = e$, Edge(a,e)=Edge(e,a)= Edge$(a,e) - C$={1 }−{1}=$\varnothing$, 则删除边 $\langle a,e \rangle$.

更新后的属性拓扑图如图 7-17(b) 所示. i=2< $n - 2$ 且 $C \neq \varnothing$, 由算法流程可知, 令 $d_0 = d$.

(4) $i+1$=3, $v_i = c$, $C = S(d_0) \bigcap$Edge$(v_i,F(d_0))$= $S(d) \bigcap$Edge(c,d)={1}$\bigcap \varnothing = \varnothing$, 按流程进行, 有 $i < n$ 且 $C = \varnothing$, 拓扑和 FP-tree 不更新.

(5) $i = i+1$=4, $v_i = e$, $C = S(d_0) \bigcap$Edge$(v_i,F(d_0))$= $S(d) \bigcap$Edge(e,d)={1}$\bigcap${1} ={1}$\neq \varnothing$. 生成新的结点 d_j, $F(d_j) = e$, $S(d_j) = C$={1}, 结点 d_j 表示为 $(e,\{1\})$, $D = D \bigcup\{(d,\{1\})\}$={$(\Psi,\{1,2,3,4\}),(a,\{1,2,4\}),(d,\{1\}),(e,\{1\})$}, 生成新的边 $\langle(d,\{1\}), (e,\{1\})\rangle$, R ={$\langle(\Psi,\{1,2,3,4\}),(a,\{1,2,4\})\rangle, \langle(a,\{1,2,4\}),(d,\{1\})\rangle, \langle(d,\{1\}), (e,\{1\})\rangle$}. 当前路径 P=$\langle(\Psi,\{1,2,3,4\}),(a,\{1,2,4\}),(d,\{1\}),(e,\{1\})\rangle$. 新生成的 FP-tree 如图 7-18(a) 所示.

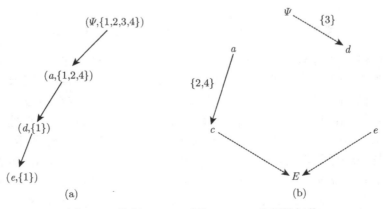

图 7-18　执行 Step 5 后的 FP-tree 和属性拓扑

属性拓扑进行更新: $\text{Edge}(e, e)=\text{Edge}(e,e) - C=\{1\}-\{1\}=\varnothing$. 对于 $m \in V$, $m \neq F(d_0) = d$, $\text{Edge}(m,d) = \text{Edge}(m,d) - C$, $\text{Edge}(d,m)=\text{Edge}(m,d)$, 情况如下:

$m = \Psi$, $\text{Edge}(\Psi,d)=\text{Edge}(d, \Psi)= \text{Edge}(\Psi,d) - C=\{3\}-\{1\}=\{3\}$.

$m = e$, $\text{Edge}(d,e)=\text{Edge}(e,d) = \text{Edge}(d,e) - C=\{1\}-\{1\}=\varnothing$, 则删除边 $\langle d,e \rangle$.

更新后的拓扑图如图 7-18(b) 所示. $i=4=n$, 判断 $d_0 = d$, 不满足则有 $d = d^P$, $d_0 = d_0^P$, 此时有 $F(d_j) = d$, $F(d_0) = a$, $i = \text{In}^V(d_j)=2$.

(6) $i = i+1=3$, 此时有 $F(d_0) = a$, $v_i = c$, 在此基础上, 一直循环上述过程直到满足条件 $i = n$ 并且 $F(d_0) = \Psi$ 时, 算法结束, 此时 FP-tree 如图 7-17(a) 所示, 属性拓扑更新如图 7-19(b) 所示.

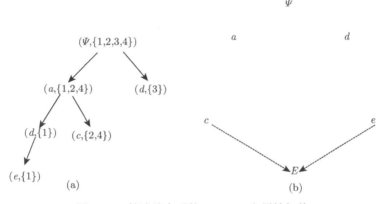

图 7-19 算法结束后的 FP-tree 和属性拓扑

由属性拓扑的退化可知, 对于伴生属性集 B, $\forall m_j \in B$ 有 $\langle m_j, E \rangle=\text{End}$. 其中 End 为终结符, 即图 7-19(b) 中伴生属性 c, e 到终点 E 的单向边不具有实际的意义, 即此时的属性拓扑已经完全转化为 FP-tree, 实现了转化过程.

7.3 频繁模式树到属性拓扑转化算法

由 7.1 节和 7.2 节的描述可知属性拓扑和 FP-tree 是可以相互转化的, FP-tree 到属性拓扑的转化过程如下所述: 设当前 FP-tree 为 $T = (D,R)$, 路径集合为 $P =\{P_0,P_1,\cdots, P_m\}$ 共有 m 条路径.

算法名称: 频繁模式树到属性拓扑转化算法.

算法功能: 实现频繁模式树到属性拓扑的转化.

输入: 频繁模式树.

输出: 属性拓扑.

Step 1　设频繁模式树中属性结点集合 $D = D_0 \bigcup D_1 \bigcup \cdots \bigcup D_i \bigcup \cdots \bigcup D_n$, 其中 $D_i = \{d_{ij}\}$, d_{ij} 表示集合中第 j 个元素, 令 $\bigcup_j d_{ij} = m_i; v_i = m_i$.

在已知 $D_0, D_1, \cdots, D_n$ 的基础上, 确定属性拓扑的属性集合 V. 设 $V = \{v_0, v_1, \cdots, v_k\}$, 对于 $\forall v_i \in V, i \in [0, k]$ 满足以下条件: 对于 $v_i = F(d_i), d_i \in D_i$. 令 $V = V \bigcup \{E\}$, 则将属性 Ψ 放在第一层, 属性 E 放在最后一层, 其余 n 个属性在中间随机排列.

Step 2　对于路径集合中的任意一条路径 $P_i = \langle d_0, d_1, \cdots, d_k \rangle$, 分别进行如下操作:

该路径依次经过的结点集合为 D_P, 对于路径中每一个结点 $d_i(F(d_i) \neq \Psi)$, $i \in [0, k]$, 分别进行如下操作:

对于 $\forall d_j \in D_p, i < j \leqslant k$, 在属性拓扑中分别作单向边 $\langle F(d_i), F(d_j) \rangle$, 若当前拓扑中不存在该单向边, 则将 $S(d_j)$ 作为权值标注在该边上, 若当前拓扑中存在该单向边, 并且权值为 Weight, 则权值更新为 Weight$\bigcup S(d_j)$.

Step 3　$V = (v_0, v_1, \cdots, v_n, E)$, $D = D_0 \bigcup D_1 \bigcup \cdots \bigcup D_n$, 如 Step 1 所述, v_i 与 $D_i (i \in [0, n])$ 一一对应, 对每一个 D_i 进行如下操作:

对每一 $d_j \in D_i$ 进行如下操作:

设在 FP-tree 中, d_j 的后裔结点集合为 De$=\{u_0, u_1, \cdots, u_l\}$. 设路径集合 PP$=P - \{P_j | d_j \in P_j\}$. PP 是频繁模式树中不包含属性 d_j 的所有路径. 对于 $\forall u_i \in$ De, $i \in [0, l]$ 分别进行如下操作:

若 PP 中存在这样一条路径 P_t, 满足条件:

(1) $\exists d_0 \in P_t$, 满足 $F(d_0) = F(u_i)$, 即不包含属性 d_j 的路径中, 存在属性 d_0, 满足 d_0 与属性 d_j 的后裔属性结点相同.

(2) 在路径 P_t 中, d_0 的祖先结点中不存在 d_j, 使得 $F(d_j) = F(d_0)$, 即不包含属性 d_j 路径中, d_0 的祖先结点不存在与 d_0 相同的属性.

则在属性拓扑中作单向边 $\langle F(u_i), F(d_j) \rangle$, 即将拓扑中 $F(u_i)$ 和 $F(d_j)$ 两属性之间的单向边更新成双向边, 边上权值不发生变化.

Step 4　由当下的属性拓扑确定顶层属性集 A 和伴生属性集 B, 按照 Step 2 中的方法构造 Ψ 到 A 内各属性的单向边和权值, 按照退化模型构造 B 内各属性到 E 的单向边.

以下通过实例来分析由 FP-tree 到属性拓扑的转化过程: 对于图 7-19(a) 所示的 FP-tree, 进行 Step 1 后, 有 $V = \{\Psi, a, d, c, e, E\}$.

进行 Step 2: 取第一条路径 $P_0 = \langle (\Psi, \{1, 2, 3, 4\}), (a, \{1, 2, 4\}), (d, \{1\}), (e, \{1\}) \rangle$. 在该路径下构造属性拓扑, 如图 7-20 所示. 依次类推, 当遍历完 P 中的所有路径之后, 属性拓扑更新如图 7-21 所示.

路径 P 下属性拓扑构造过程如下:

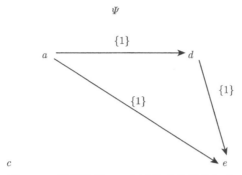

图 7-20   遍历路径 P_0 之后生成的属性拓扑

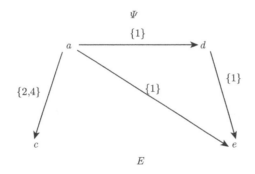

图 7-21   遍历完所有路径之后生成的属性拓扑

进行 Step 3 后, 属性拓扑更新如图 7-22 所示. 由图 7-22 可以确定, 顶层属性集为 $\{a,d\}$, 伴生属性集为 $\{c,e\}$.

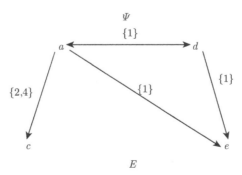

图 7-22   进行 Step3 之后的属性拓扑

进行 Step 4 后, 生成完整的属性拓扑, 如图 7-23 所示.

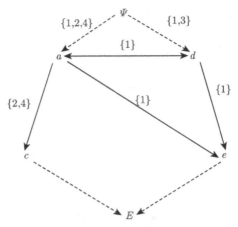

图 7-23　完整的属性拓扑

7.4　本 章 小 结

　　属性拓扑和 FP-tree 分别是形式概念分析和数据挖掘领域的重要算法, 它们分别从本体论和关联规则角度完成对数据的分析过程, 分别是概念计算和关联发现中具有代表性的算法. 本章从二者的二元关系出发, 建立了两种不同算法的共同表示基础, 提出并证明了关于双向转化的关键性质. 在此基础上, 分不同情况讨论了不同集合关系下二者二元关系的相互转化, 为属性拓扑和 FP-tree 的双向转化提供了理论依据. 在算法实现阶段, 通过对路径搜索算法的设计, 加上条件约束的限制, 完成了由属性拓扑到 FP-tree 的转化算法和 FP-tree 到属性拓扑的转化算法, 并利用 FP-tree 算法实现了属性拓扑频繁关联规则挖掘.

参 考 文 献

[1] Han J W, Pei J, Yin Y W, et al. Mining Frequent Patterns without Candidate Generation: A Frequent-Pattern Tree[J]. Data Mining and Knowledge Discovery, 2014, (8): 53–57.

[2] 颜跃进, 李舟军, 陈火旺. 基于 FP-Tree 有效挖掘最大频繁项集 [J]. 软件学报, 2015, 16(2): 215–222.

[3] 程广, 王晓峰. 基于 MapReduce 的并行关联规则增量更新算法 [J]. 计算机工程, 2016, 42(2): 21–25, 32.

[4] 马可, 李玲娟, 孙杜靖. 分布式并行化数据流频繁模式挖掘算法 [J]. 计算机技术与发展, 2016, 26(7): 75–79.

[5] 马月坤, 刘鹏飞, 张振友, 等. 改进的 FP-Growth 算法及其分布式并行实现 [J]. 哈尔滨理工大学学报, 2016, 21(2): 20–27.

[6] 刘祥哲, 刘培玉, 任敏, 等. 基于负载均衡和冗余剪枝的并行 FP-Growth 算法 [J]. 数据采集与处理, 2016, 31(1): 223–230.

[7] 朱文飞, 齐建东, 洪剑珂. Hadoop 下负载均衡的频繁项集挖掘算法研究 [J]. 计算机应用与软件, 2016, 33(5): 35–39.

[8] Karim M R, Halder S, Jeong B S, et al. Efficient Mining Frequently Correlated, Associated-Correlated and Independent Patterns Synchronously by Removing Null Transactions[M]//Human Centric Technology and Service in Smart Space. Dordrecht: Springer Netherlands, 2012: 93–103.

第 8 章　属性拓扑与频繁关联规则

频繁关联规则中另一类算法是 Apriori 算法 [1] 及其改进算法. 此类算法均基于以下核心思想: 频繁项目集的任意非空子集一定是频繁项目集; 非频繁项目集的任意超集一定是非频繁项目集. 其改进主要集中在: 基于 MapReduce 的并行化改进 [2-4] 和基于 Spark 的并行化改进 [5-7].

第 7 章描述了频繁模式树与属性拓扑的转化关系. 借助现有主流算法发现关联规则. 但转化过程较为繁琐, 没有很好地体现属性拓扑可视化的优势. 基于此, 本章以属性拓扑为基础, 基于支持度和置信度的本质要求, 提出一种属性拓扑的关联规则发现算法. 该方法首先构建频繁净化形式背景, 由属性拓扑, 直接发现二元频繁模式, 并由 BFSW 子算法, 计算三元及以上频繁模式, 经过置信度检验, 进而获得所需的关联规则. 该算法不需要转化过程, 可以实现基于属性拓扑的可视化关联规则挖掘.

8.1　频繁净化形式背景

由形式背景和事务数据库定义可知, 将形式背景的每一列视作一个属性或事物, 每一行视作一条记录, 即可得到事物数据库, 因此在关系表示的层面上, 二者等价. 本章亦不再区分两种表述.

定义 8-1　全局频繁属性, 在形式背景 $K=(G,M,I)$ 中, 若 $\exists m \in M$, 对 $\forall g_i \in G$, 满足 $g_i \in g(m)$, 则称属性 m 为全局频繁属性, 由形式背景中所有全局频繁属性所组成的频繁属性集合记为 GFreAttr.

定理 8-1　给定形式背景下, 所有频繁模式必包含全局频繁属性 m.

证明　由全局频繁属性定义可知, 事物数据库 (形式背景) 中, 每一条记录均包含全局频繁属性 m. 给定形式背景下, 所有可能的频繁模式均有记录或记录的幂集生成, 故不可能存在不包含全局频繁属性 m 的频繁模式. □

定义 8-2 (非频繁属性)　设给定支持度为 S, 给定形式背景 $K=(G,M,I)$, 若 $\exists n \in M$, 满足 $\#\{g(n)|g(n)| \in G\}< S$, 即包含属性 n 的记录数目少于给定支持度值, 则称属性 n 为非频繁属性, 由形式背景中所有非频繁属性所组成的集合记为 NFreAttr.

定理 8-2　给定形式背景下, 所有频繁模式均不包含非频繁属性 n.

证明　由于非频繁属性 n 在事物数据库 (形式背景) 中出现的支持度已经小

于给定阈值, 且非频繁模式的超集一定是非频繁的, 故不可能出现包含非频繁属性 n 的频繁模式. □

从定义 8-1 和定义 8-2 可知, 在关联规则提取的过程中, 全局频繁属性和非频繁属性均可以被约简, 只需在最终得到的频繁模式中, 加入全局频繁属性 m, 即可获得原始数据中所有的关联模式. 基于此, 给出频繁净化形式背景的定义.

定义 8-3 频繁净化形式背景, 在形式背景 $K=(G,M,I)$ 中, 去除所有的全局频繁属性和非频繁属性, 得到的形式背景 K_{FR} 即为频繁净化形式背景.

设支持度为 2, 根据定义 8-1 至定义 8-3, 可以得到表 1-1 所示生物和水形式背景所对应的频繁净化形式背景如表 8-1 所示.

表 8-1 生物和水的频繁净化形式背景

	b	c	d	f	g	h
1	×				×	
2	×				×	×
3	×	×			×	×
4		×			×	×
5	×		×	×		
6	×	×	×			
7		×				
8		×	×	×		

8.2 二元频繁模式挖掘

以频繁净化形式背景 K_{FR} 构建属性拓扑图, 首先提取所有的二元频繁模式.

定义 8-4 (二元模式) 在频繁净化形式背景中, 有且只有两个属性构成的模式称为二元模式.

定义 8-5 (二元频繁模式) 设属性 m_i, m_j 构成二元模式 m_i-m_j, 支持度阈值为 S. 若满足 $\#\{g_{ij}|g_{ij} \in g(m_i) \bigcap g(m_j)\} \geqslant S$, 则称该二元模式为二元频繁模式.

定理 8-3 属性拓扑中, 满足支持度要求的边所连接的两个属性即构成一个二元频繁模式.

证明 在形式背景 $K=(G,M,I)$ 中, 设 $\exists m_i, m_j \in M$, 由公式 (2-1) 可知, $\#\{E(m_i,m_j)\}$ 即为属性间共有对象 (记录) 数目, 亦即关联强度. 若该强度满足支持度要求, 则结合定义 8-4、定义 8-5 可知, 该边所连接的两端点属性必将构成一个二元频繁模式. □

由定理 8-3 可得, 只需从属性拓扑中筛选出符合支持度要求的边, 即可轻易获得背景中所有的二元频繁模式, 构成二元频繁模式的属性对称作核心属性对. 需要指出的是, 由于原始形式背景已根据定义 8-3 要求约简, 故对于原始形式背景而言,此处提取二元频繁模式对应于 $N+2$ 元频繁模式, 其中, N 为背景中所含全局频繁属性的个数.

在表 8-1 所示频繁净化形式背景的基础上, 构建频繁约简属性拓扑, 如图 8-1 所示.

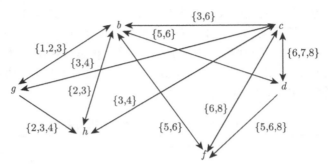

图 8-1　频繁净化属性拓扑

在图 8-1 的基础上, 提取二元频繁模式: 即筛选检查属性拓扑的每一条边是否符合支持度要求, 若符合即成为一个二元频繁模式, 筛选二元频繁模式的结果如表 8-2 所示.

表 8-2　二元频繁模式

相关属性	频繁模式				
b	bc	bd	bg	bh	bf
c	cd	cg	ch	cf	$--$
d	df				
g	gh				

8.3　三元及以上频繁模式挖掘

8.3.1　频繁约简属性拓扑

在 8.2 节中, 基于频繁净化形式背景, 构建属性拓扑, 并得到了所有的二元频繁模式. 在三元及以上频繁模式挖掘中, 首先需要去除属性拓扑中不符合支持度要求的边, 降低属性拓扑的规模, 约简后的属性拓扑中每一条边所拥有的对象数目均满足支持度要求, 此时称为频繁约简属性拓扑, 可用式 (8-1) 表示, 标记为 FRAT.

$$E(m_i, m_j) = \begin{cases} \varnothing, & g(m_i) \bigcap g(m_j) = \varnothing, \\ & 或 \#\{g(m_i) \bigcap g(m_j)\} < S \\ g(m_i) \bigcap g(m_j), & \#\{g(m_i) \bigcap g(m_j)\} \geqslant S \end{cases} \quad (8\text{-}1)$$

以图 8-1 所示生物和水形式背景对应频繁净化属性拓扑为例, 构建其相应的频繁约简属性拓扑如图 8-2 所示.

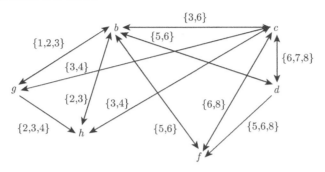

图 8-2   频繁约简属性拓扑

由于此形式背景没有不满足支持度 $S = 2$ 的边, 所以没有删除, 在直观上与图 8-1 相同.

8.3.2   BFSX 算法

BFSX(Breadth First Search X) 算法是三元及多元频繁模式发现算法的一个基本操作单元, 其目的是计算出以某两个属性作为核心属性对, 包含该核心属性对的所有三元频繁模式.

设属性 (m_{i1}, m_{i2}) 为一个核心属性对, 支持度阈值为 S, 所有二元核心属性对构成的集合为 $\text{core}A = \{(m_{11}, m_{12}), \cdots, (m_{i1}, m_{i2}), \cdots \}$; BFSX 算法可以标记为 $\text{BFSX}(m_{i1}, m_{i2})$. 算法步骤如下:

算法名称: BFSX 算法.

算法功能: 计算三元频繁模式.

输入: 二元核心属性.

输出: 三元频繁模式.

(1) 计算 $\text{BFSX}(m_{i1})$.

Step 1   令 $i=1$, 在 FRAT 中, 以 m_{i1} 为根结点, 广度优先搜索其邻接顶点, 得到邻接顶点集合 $N_{i1} = \{n_1, n_2, n_3, \cdots \}$.

Step 2   检查集合 N_{i1}, 若 $N_{i1} \neq \varnothing$, 执行 Step 3; 若 $N_{i1} = \varnothing$, 执行 Step 6.

Step 3   对 $\forall n_j \in N_{i1}$, 若 $\#\{g(n_j) \bigcap g(m_{i1}) \bigcap g(m_{i2})\} \geqslant S$, 则执行 Step 4, 否则执行 Step 5.

Step 4   将模式 $n_j\text{-}m_{i1}$, 记入频繁模式集合 FP_{m1} 中, 从集合 N_{i1} 中删除 n_j, 返回 Step 2.

Step 5   从集合 N_{i1} 中删除 n_j, $j = j+1$, 返回 Step 2.

Step 6　算法结束.

(2) 计算 BFSX(m_{i2}), 得到频繁模式集合 FP$_{mi2}$.

(3) BFSX(m_{i1},m_{i2})=FP(m_{i1},m_{i2})= FP$m_{i1}$$\bigcap$FP$m_{i2}$.

通过 BFSX 算法的三个主要步骤, 可以获得包含二元频繁模式 m_{i1}-m_{i2} 以及属性 X 的所有三元频繁模式, 在模式搜索中, 以属性拓扑作为指引, 避免了无关结点的搜索以降低运算量. 本节介绍了 BFSX(m_{i1}), BFSX(m_{i1},m_{i2}) 的计算方法, 更高元的频繁模式求解可以由以上过程简单推演得到. 如 BFSX(m_{i1},m_{i2},m_{i3}) 的求解, 需要将 Step 3 中条件变更为#$\{g(n_j)\bigcap g(m_{i1})\bigcap g(m_{i2})\bigcap g(m_{i3})\}\geqslant S$.

8.3.3　BFSW 算法

BFSW(Breadth First Search Weight) 算法的目的是计算出属性拓扑中蕴涵的所有三元及以上频繁模式, 其以二元频繁模式作为起点, 逐级发现高元频繁模式. 由频繁模式的定义可知, 从二元到高元, 模式的数量逐层递减, 因此运算量会逐渐下降, 当发现了所有长度小于事务数据库最长事务记录的频繁模式时, 算法结束. 其算法步骤如下:

算法名称: BFSW 算法.

算法功能: 计算多元频繁模式.

输入: 属性拓扑, 二元频繁模式.

输出: 三元及高元频繁模式.

Step 1　设形式背景中属性的数目为 MAX.

Step 2　读取二元频繁模式集合 FP$_2$. 若#$\{$FP$_2\}$>2, 则设 i=0, 执行 Step 3. 否则算法结束.

Step 3　若 $i\leqslant$#$\{$FP$_2\}$, 执行 Step 4; 若 i＞#$\{$FP$_2\}$, 算法结束.

Step 4　对其中一频繁模式 m_{i1}-m_{i2}, 调用 BFSX(m_{i1}, m_{i2}) 操作, 获取所有包含 m_{i1}-m_{i2} 的三元模式, 将其存入三元频繁模式集合 FP$_3$(m_{i1},m_{i2},X) 中.

Step 5　令 $i = i$+1, 执行 Step 3, 直到每一个二元模式都作为种子执行过 BSFX 操作, 此时得到所有三元模式集合 FP$_3$.

Step 6　若高元频繁模式集合 FP$_n$ 等于空集或频繁模式长度达到 MAX, 算法结束. 否则以 FP$_3$ 代替 FP$_2$, 转至 Step 3.

算法的基本思想是由属性拓扑中二元频繁模式作为种子, 重复利用 BFSX, 得到所有的三元频繁模式, 迭代此过程, 逐层得到高元频繁模式, 当更高一层频繁模式为空, 或当前层频繁模式长度等于 MAX 时, 计算完成.

其层级思想如图 8-3 所示. 每一层都作为上一层的种子, 以较低的运算量发现高元频繁模式.

图 8-3 层级式模式发现

8.4 算法总体流程

综合 8.1 节 ~8.3 节所述, 首先, 构建频繁净化形式背景. 利用属性拓扑发现所有的二元频繁模式, 之后调用 BFSW 算法发现所有的多元频繁模式. 将所发现的模式与全局属性连接, 即可获得原始形式背景所有的频繁模式. 之后, 仅需检验置信度及提升度即可获取关联规则.

算法总体属于层级发现式算法 (level method pattern detecting algorithm, LM-PDA), 即由二元模式衍生出三元模式, 逐级迭代.

频繁模式与全局频繁属性的连接按以下方式进行:

(1) 对于算法发现的二元, 多元模式, 直接与全局频繁属性连接, 成为原始背景的一个频繁模式. 如二元模式 b-c, 与全局属性 a 连接后形成频繁模式 a-b-c

(2) 检索背景中所有支持度大于 S 的频繁属性, 与全局频繁属性可以直接构成一个频繁模式. 如频繁属性 b 与全局频繁属性 a 可以直接构成频繁模式 a-b.

通过以上两个步骤, 可以还原出原始形式背景中的频繁模式. 算法主体流程如图 8-4 所示.

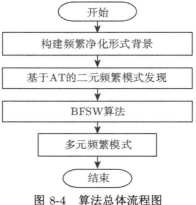

图 8-4 算法总体流程图

以图 8-2 所示生物和水频繁约简属性拓扑为例, 关联规则提取可以分为以下 3 步.

(1) 执行 BFSW 子算法, 提取三元及以上频繁模式如图 8-5 所示.

图 8-5　高元频繁模式

(2) 结合全局频繁属性

将得到的二元、多元频繁模式, 以及频繁属性与全局频繁属性连接, 即可获得原始形式背景下所有的频繁模式, 如三元模式 *bdf*, 与全局频繁属性 *a* 连接后为 *a-bdf*.

(3) 置信度检验

根据实际需求给定置信度阈值, 逐一检验所发现的频繁模式. 满足置信度要求的频繁模式即成为关联规则. 本例假定置信度最小值为 60%, 筛选出的关联规则如表 8-3 所示.

表 8-3　关联规则

模式	a-b-g	a-b-h	a-c-d	a-d-f	a-g-h	a-b
置信度/%	60	60	60	75	75	62.5
模式	a-c	a-b-d-f	a-b-g-h	a-c-d-f	c-g-h	
置信度/%	62.5	100	66	66	100	

从以上实验可以看出, 算法首先通过建立频繁净化形式背景约简全局频繁属性, 之后从属性拓扑上直接发现二元频繁模式, 在此基础上, 以二元频繁模式为种子, 逐层迭代计算高元频繁模式, 最终得到了全部的频繁模式. 在计算中, 以属性拓扑作为指引, 避免了盲目的搜索, 只需计算邻接顶点的关联性; 同时, 随着模式长度的增加, 频繁模式数量迅速减少, 如本例中, 有 11 个二元模式, 而仅有 4 个三元模式, 四元及以上模式为空集, 因此计算量可以得到有效控制. 最终, 得到了一种关联规则发现方法.

8.5 本 章 小 结

本章提出了一种属性拓扑关联规则发现算法, 扩展了传统形式概念分析的应用. 在算法实现中, 首先通过创建频繁净化形式背景减小基础数据规模, 然后由属性拓扑直接发现属性间二元频繁模式, 再利用 BFSW 算法发现高元频繁模式. 算法实现了属性拓扑的关联规则计算, 扩展了属性拓扑发现知识的种类与范围, 由单纯的概念计算扩展到了更为广泛的关联发现领域, 为更优化的关联联系发现奠定了基础.

参 考 文 献

[1] Agrawal R, Strikant R. Fast Algorithm for Mining Association Rules[J]. Proceedings of the 20th International Conference on Very Large Data Bases, 1994, 23(3): 21–430.

[2] 金菁. 基于 MapReduce 模型的排序算法优化研究 [J]. 计算机科学, 2014, 41(12): 155–159.

[3] 林长方, 吴扬扬, 黄仲开, 等. 基于 MapReduce 的 Apriori 算法并行化 [J]. 江南大学学报 (自然科学版), 2014, 13(4): 411–415.

[4] 谢志明, 王鹏. 一种基于 MapReduce 架构的并行矩阵 Apriori 算法 [J/OL]. 计算机应用研究, 2017, 34: 1-7[2016-09]. http://www.cnki.net/kcms/detail/51.1196.TP.20160509. 1433.126.html.

[5] Qiu H J, Gu R, Yuan C F, et al. Yamif:a parallel frequent itemset mining Algorithm with Spark[C]//2014 IEEE International Parallel and Distributed Processing Symposium Workshops, Phoenix, AZ, 2014: 1664–1671.

[6] Rathee S, Kaul M, Kashyap A. R-Apriori:an Efficient Apriori Based Algorithm on Spark[C]//ACM Proceedings of the 8th Workshop on Information and Knowledge Management, Australia, 2015: 27–34.

[7] 闫梦洁, 罗军, 刘建英, 等. IABS: 一个基于 Spark 的 Apriori 改进算法 [J/OL]. 计算机应用研究, 2016:1-5[2016-08-15]. http://www.cnki.net/kcms/detail/51.1196.TP.20160815. 1635.046. html.

第9章 属性拓扑与偏序关联规则挖掘

序列数据挖掘的概念最初由Agrawal和Strikant提出, 在传统事务数据库中引入了序的概念, 并提出了三个基于 Apriori 算法的序关联挖掘算法 AprioriAll、Apriori-Some、DynamicSome[1]. 并进一步提出了经典的 GSP 算法 [2]. 刘端阳等提出了一种基于逻辑的频繁序列模式挖掘算法 [3].

频繁关联规则挖掘算法以关联模式出现的频度为基础获得关联规则. 与此不同, 偏序关联规则关注属性间蕴涵与覆盖的关系, 以此建立偏序结构, 进而获得偏序关联规则. 属性偏序图是偏序关联规则发现的典型算法. 本章以属性偏序图为基础, 证明属性拓扑与属性偏序图的双向转化关系, 从而为属性拓扑实现偏序关系发现奠定基础.

9.1 属性偏序二元关系描述

与属性拓扑不同, 形式背景的属性偏序表示强调属性中对象的覆盖与包含关系, 其基本结构如图 9-1[4] 所示.

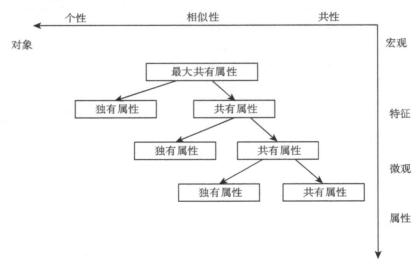

图 9-1 属性偏序基本结构

图 9-1 表示了人类认知事物的哲学原理. 图中包含对象和属性不同的观察尺

度, 对象尺度反映的是事物的相似性; 属性尺度表示的是事物不同层次的特征. 靠近原点表示含共性相对较多的对象和相对宏观的属性; 远离原点的是含个性相对较多的对象和相对微观的属性. 图 9-1 清晰地表明了人类认知事物的过程: 从宏观共性中发现存在的普遍模式, 从微观和个性中发现独有的模式. 共有属性表现了事物之间共同拥有的属性, 具有普遍意义; 个性对象凸显了有别于其他的独特对象, 具有明显区分性. 从普遍的共有属性中, 发现事物的特异性; 从共性对象中延伸个性对象, 是认知和区分事物本质的思维活动[4].

属性偏序强调覆盖与包含关系, 以表 9-1 所示形式背景为例, 在图 9-2 中, 属性 a 覆盖了其伴生属性 c, 并且覆盖了其与属性 b 共有的对象 $\{2\}$. 图中, Ψ 表示包含形式背景中全部对象的属性, 即全局属性.

表 9-1 形式背景

	a	b	c
1	×		×
2	×	×	
3		×	

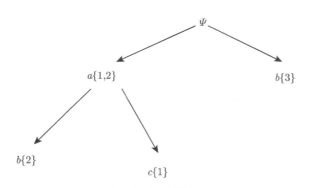

图 9-2 属性偏序图

因此, 从属性偏序图的构图角度看, 其对特定属性可以从不同的 "覆盖" 角度进行认知, 因此可能出现一个属性多次出现的情况. 设 $\text{Im}(x)$ 表示属性 x 的重要度权值, 令 $\text{Im}(x) = \#\{x' \bigcap D'\}$, 其中 D' 表示当前路径下已纳入偏序图中的顶点集合. 从集合角度看, 若 $a, b \in M$, 且 $\text{Im}(a) > \text{Im}(b)$, 则在属性偏序中其二元关系可以理解为

$$aI_p b = a' \bigcup (b' - a' \bigcap b') \tag{9-1}$$

即重要属性 a 覆盖了次要属性 b 并将 b 与 a 共有对象包含其中; 同时, 属性 a 与属性 b 的独有属性相并列, 组成属性 a, b 二元关系.

9.2　双向转化的数学基础

属性拓扑与属性偏序从不同角度对形式背景进行了刻画, 但通过分析可知, 虽然二者的刻画过程不同, 但可以通过集合关系进行关联. 本节将从集合论角度证明二者可以实现相互转化.

在属性拓扑中, 其关系表示为

$$aI_Tb = a' \bigcup (a' \bigcap b') \bigcup b' \tag{9-2}$$

由结合律可知

$$aI_Tb = a' \bigcup (a' \bigcap b') \bigcup b' = a' \bigcup \{(a' \bigcap b') \bigcup b'\} \tag{9-3}$$

由于

$$b' = \{b' - (a' \bigcap b')\} \bigcup (a' \bigcap b')$$

故

$$(a' \bigcap b') \bigcup b' = (a' \bigcap b') \bigcup \{b' - (a' \bigcap b')\} \bigcup \{(a' \bigcap b')\} \tag{9-4}$$

由等幂律可知

$$(a' \bigcap b') = (a' \bigcap b') \bigcup (a' \bigcap b')$$

故

$$(a' \bigcap b') \bigcup b' = (a' \bigcap b') \bigcup \{b' - (a' \bigcap b')\} \tag{9-5}$$

结合式 (9-3) 和 (9-5), 得

$$
\begin{aligned}
aI_Tb &= a' \bigcup \{(a' \bigcap b') \bigcup \{b' - (a' \bigcap b')\}\} \\
&= a' \bigcup \{(a' \bigcap b') \bigcup b' - (a' \bigcap b') \bigcup (a' \bigcap b')\}
\end{aligned} \tag{9-6}
$$

由等幂律可知

$$(a' \bigcap b') = (a' \bigcap b') \bigcup (a' \bigcap b') \tag{9-7}$$

由吸收律可知

$$b' \bigcup (a' \bigcap b') = b' \tag{9-8}$$

结合式 (9-6)~(9-8),

$$
\begin{aligned}
aI_Tb &= a' \bigcup (b' - (a' \bigcap b')) \\
&= aI_pb
\end{aligned} \tag{9-9}
$$

从式 (9-9) 可知, 属性拓扑中属性二元关系 aI_Tb 与属性偏序二元关系 aI_pb 是一对等价变换, 因此二者存在相互双向转化的数学基础.

9.3 属性拓扑到属性偏序的二元关系转化

9.2 节已经从集合论角度证明属性拓扑与属性偏序存在相互转化的数学基础. 而在形式背景的属性拓扑表示中, 属性间的耦合关系只有包含、互斥、相容三种. 本节将以此分析这三种情况, 依托上节所述转化的数学基础, 分别讨论二元属性从属性拓扑到属性偏序的转化原理及方法.

9.3.1 属性偏序到属性拓扑的二元关系转化

在二元关系分析中, 统一设有属性 a、b, 满足 $\mathrm{Im}(a) > \mathrm{Im}(b)$.

1. 相容关系下属性拓扑的属性偏序表示

若属性 a, b 相容, 则有 $a' \bigcap b' \neq \varnothing$ 且 $a' \bigcap b' \neq a'$ 且 $a' \bigcap b' \neq b'$. 以表 9-1 中, 满足相容关系的属性 a,b 为例.

如图 9-3 所示, 在属性拓扑中, 属性 a 所包含对象 $a' = \{m' | m' \in G, m' I a\}$, 属性 b 所包含对象 $b' = \{m' | m' \in G, m' I b\}$, 二者耦合强度即为 $a' \bigcap b'$. 如图 9-4 所示, 在属性偏序中, 属性 a 所包含的对象覆盖属性 a,b 的共有对象, 且与属性 b 的独有对象 $b' - (a' \bigcap b')$ 并列. 如图 9-5 所示, 在转化过程中, 因 $\mathrm{Im}(a) > \mathrm{Im}(b)$, 故将 $a' - (a' \bigcap b')$ 与 $(a' \bigcap b')$ 合并, 即计算 b 与 a 共有对象 $b' \bigcap a'$, 将其作为结点 a 的子结点. 再将属性 b 的独有对象与属性 a 并列, 即得到其对应的属性偏序表示.

图 9-3 相容关系下的属性拓扑

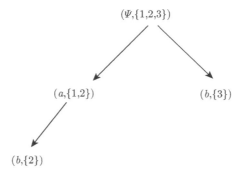

图 9-4 相容关系下的属性偏序

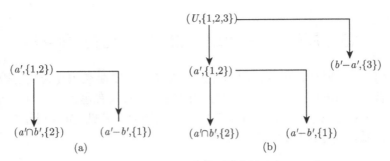

图 9-5　相容关系下转化过程

2. 包含关系下属性拓扑到属性偏序的转化

若属性 a 包含属性 b，则满足以下三式：$a' \bigcap b' = b'$，$a' - (a' \bigcap b') \neq \varnothing$，$b' - (a' \bigcap b') = \varnothing$；因 $\mathrm{Im}(a) > \mathrm{Im}(b)$，故，

$$
\begin{aligned}
a' &= (a' - (a' \bigcap b')) \bigcup (a' \bigcap b') \\
&= (a' - b') \bigcup b' \\
&= a'
\end{aligned}
\tag{9-10}
$$

$$
b' = b' - (a' \bigcap b') = b' - b' = \varnothing \tag{9-11}
$$

将 $a' - (a' \bigcap b')$ 与 $(a' \bigcap b')$ 合并得到 a' 与 $b' - a' \bigcap b'$ 并列，可得 a 与空集并列构成属性偏序图的第一、二顺序子树，$a' \bigcap b' = b'$ 构成 a 的子树，故得包含关系下属性拓扑的属性偏序表示.

以表 9-1 中满足包含关系的属性 a, c 为例，其转化过程如图 9-6 所示.

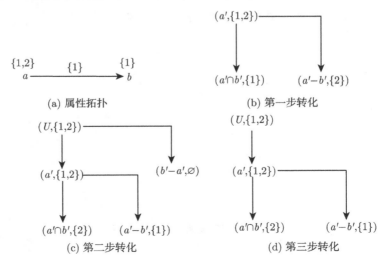

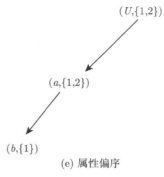

(e) 属性偏序

图 9-6 包含关系转化

3. 互斥关系下属性拓扑的属性偏序表示

属性 a,b 互斥, 则有 $a' \bigcap b' = \varnothing, a' \neq \varnothing$ 且 $b' \neq \varnothing$ 同时成立, 因 $\mathrm{Im}(a) > \mathrm{Im}(b)$, 故 $a' = (a' - (a' \bigcap b')) \bigcup (a' \bigcap b') = (a' - \varnothing) \bigcup \varnothing = a'; b' = b' - (a' \bigcap b') = b' - \varnothing = b';$ $a' \bigcap b' = \varnothing$, 故属性 a,b 无耦合. 将 $a' - (a' \bigcap b')$ 与 $(a' \bigcap b')$ 合并, 与 $b' - (a' \bigcap b')$ 并列, 所得属性偏序树第一、二顺序子树分别应为 a,b. 因 $a' \bigcap b' = \varnothing$, 故偏序树只有一层. 得到互斥关系下属性拓扑的属性偏序表示.

以表 9-1 中满足互斥关系的属性 b,c 所示形式背景为例, 其转化过程如图 9-7 所示.

至此, 得到属性拓扑中, 属性 a,b 分别满足相容、互斥、包含关系时属性拓扑的属性偏序表示方法.

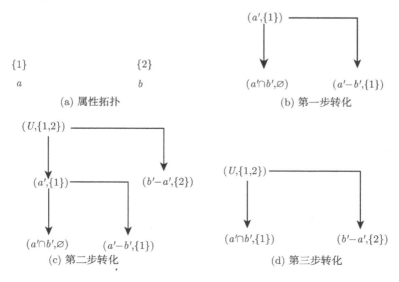

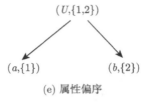

(e) 属性偏序

图 9-7　互斥关系转化

9.3.2　属性偏序到属性拓扑的二元关系转化

因属性拓扑到属性偏序的转化过程为等价可逆转化, 故属性偏序到属性拓扑的二元关系转化为上节内容的逆过程, 其转化方法为: $b' = (b' - a' \bigcap b') \bigcup (a' \bigcap b')$. a 与 b 并列, 耦合强度为 $a' \bigcap b'$.

下面以表 9-1 中满足相容关系的属性 a, b 为例说明从属性偏序到属性拓扑转化的基本原理. 满足互斥、包含关系的属性转化过程与此类似.

属性 a 所包含对象 $a' = \{m' | m' \in G, m'Ia\} = \{1, 2\}$, 耦合强度 $a' \bigcap b' = \{2\}$, $b' = (b' - a' \bigcap b') \bigcup (a' \bigcap b') = \{2, 3\}$. 将 a, b 并列, 耦合强度为 $a' \bigcap b' = \{2\}$, 得到相对应的属性拓扑图.

9.4　从属性拓扑到属性偏序转换算法

9.4.1　算法描述

依据 9.3 节所述属性拓扑到属性偏序的转化关系, 设计算法如下:

Step 1　在形式背景 $K = (G, M, I)$ 中计算最大共有属性 Ψ, $g(\Psi) = G$, 作为属性偏序图的起点.

Step 2　以属性 Ψ 为起点, 对其子结点进行搜索, 若属性 x 满足条件 $X = \{x | x = \arg\max\{\#\{g(\Psi) \bigcap g(x)\} | \mathrm{Edge}(\Psi, x) \neq \varnothing\}\}$, 则执行 Step 3 要求将属性 x 加入属性偏序图中, 同时按 Step 4 要求更新属性拓扑图. 若不存在 x 满足条件要求, 则跳转至 Step 6.

Step 3　生成属性偏序, 将 Step 2 中得到的属性 x 加入属性偏序图中, 生成结点 X_p, 令 $g(x_p) = g(\Psi) \bigcap g(x_p)$ 作为结点 Ψ 的子结点.

在属性偏序图中添加边 $\mathrm{Edge}\{\Psi, X_p\}$, 边权重 $\mathrm{Edge}W\{\Psi, X_p\} = g(x_p) = g(\Psi) \bigcap g(x_p)$.

Step 4　更新属性拓扑图, 结点 Ψ 更新: $g(\Psi) = g(\Psi) - g(x_p)$; 对 $\forall m_i \in M$ 且 $m_i \neq \Psi$, 当 $\mathrm{Edge}(\Psi, m_i) \neq \varnothing$ 时, 令 $\mathrm{Edge}W(\Psi, m_i) = \mathrm{Edge}W(\Psi, m_i) - g(x_p)$.

Step 5　当前路径为 $p \to \{\Psi, x\}$, 以属性 x 代替 Ψ 作为起点, 执行 Step 2.

Step 6 若属性拓扑中, 对于 $\forall m_i, m_j \in M$, $\mathrm{Edge}(m_i, m_j) \equiv \varnothing$, 转化完成. 否则, 回退当前路径, 执行Step 2.

9.4.2 算法示例

以图 7-14 所示属性拓扑为例, 算法示例如下:

(1) 在形式背景 $K=(G,M,I)$ 中计算最大共有属性 Ψ, $g(\Psi) = G$, 即 $g(\Psi) = \{1,2,3,4\}$, 作为属性偏序图的起点.

(2) 以属性 Ψ 为起点, 遍历其子结点, 令:

$$\mathrm{X} = \{x | x = \arg\max\{\#\{g(\Psi)\bigcap g(x)\} | \mathrm{Edge}(\Psi, x) \neq \varnothing\},$$

按 Step 3 要求将属性 $X = a$ 加入属性偏序图中, 同时按 Step 4 要求更新属性拓扑图.

(3) 将上一步骤中得到的属性 a 加入属性偏序图中, 生成结点 a, 令 $g(a) = g(\Psi)\bigcap g(a) = \{1,2,4\}$ 作为结点 Ψ 的子结点. 添加边$\mathrm{Edge}\{\Psi,a\}$.

(4) 更新属性拓扑图, $\mathrm{EdgeW}(\Psi,\Psi)=\mathrm{EdgeW}(\Psi,\Psi) - g(x_p)=\{3\}$, 即在属性拓扑图中更新结点 Ψ. 对 $\forall m_i \in M$ 且 $m_i \neq \Psi$, $\mathrm{Edge}(\Psi, m_i) \neq \varnothing$ 时, 进行如下操作: 令 $\mathrm{EdgeW}(\Psi, m_i) = \mathrm{EdgeW}(\Psi, m_i) - g(x_p)$, 即 $\mathrm{EdgeW}(\Psi, d) = \mathrm{EdgeW}(\Psi, d) - \{1,2,4\} = \{3\}$; 更新后的属性拓扑和属性偏序如图 9-8 所示.

(5) 当前路径为 $p \to \{\Psi, a\}$, 以属性 a 为起点进行广度搜索, 重复Step 2~Step 4, 得到属性拓扑到属性偏序转化过程如图 9-9 所示.

其中, $c = \{x | x = \arg\max\{\# \{g(a)\bigcap g(x)\} | \mathrm{Edge}(a, x) \neq \varnothing\}\}$, 在属性偏序图中添加结点 $c\{2,4\}$, 构造连接属性 a,c 的边, 此时得到更新后的属性偏序图.

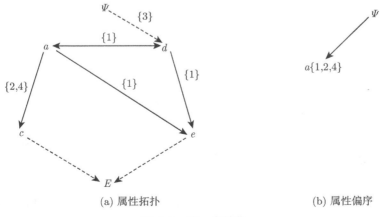

(a) 属性拓扑   (b) 属性偏序

图 9-8   第一步转化

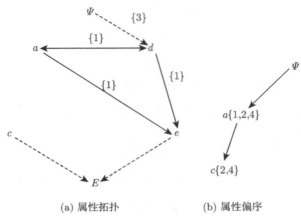

(a) 属性拓扑　　　　　　　　　(b) 属性偏序

图 9-9　第二步转化

(6) 当前路径为 $p \rightarrow \{\Psi, a, c\}$, 以属性 c 为起点进行广度搜索, 没有符合要求的子结点, 故回退路径至 $p \rightarrow \{\Psi, a\}$, 以属性 a 为起点进行广度搜索, 得到符合要求的结点 d, 故而生成属性偏序图中新结点 $d\{1\}$, 同时更新属性拓扑, 得到属性拓扑到属性偏序转化如图 9-10 所示.

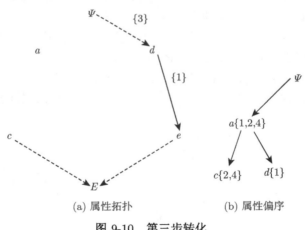

(a) 属性拓扑　　　　　　　　　(b) 属性偏序

图 9-10　第三步转化

(7) 当前路径更新为 $p \rightarrow \{\Psi, a, d\}$, 以属性 d 为起点进行广度搜索, 生成属性偏序图中新结点 e, 转化结果如图 9-11 所示.

(8) 当前路径为 $p \rightarrow \{\Psi, a, d, e\}$, 以属性 e 为起点进行广度搜索, 不存在属性 x 满足 $X = \{x | x = \arg\max\{\#\{g(e) \bigcap g(x)\} | \mathrm{Edge}(e, x) \neq \varnothing\}\}$, 故回退路径, 回退后当前路径为 $p \rightarrow \{\Psi, a, d\}$.

(9) 当前路径为 $p \rightarrow \{\Psi, a, d\}$, 以属性 d 为起点进行广度搜索, 不存在属性 x 满

足 $X = \{x | x = \arg\max\{\#\{g(d)\bigcap g(x)\}|\mathrm{Edge}(d,x)\neq\varnothing\}$, 故回退路径, 回退后当前路径为 $p\to\{\Psi,a\}$.

(10) 当前路径为 $p\to\{\Psi,a\}$, 以属性 a 为起点进行广度搜索, 不存在属性 x 满足 $X = \{x | x = \arg\max\{\#\{g(a)\bigcap g(x)\}|\mathrm{Edge}(a,x)\neq\varnothing\}$, 故回退路径, 回退后当前路径为 $p\to\{\Psi\}$.

(11) 类似地, 重复以上过程, 当属性拓扑中, $\forall m_i,m_j \in M, \mathrm{Edge}(m_i,m_j)\equiv\varnothing$ 时, 转化完成, 最终转化结果如图 9-12 所示.

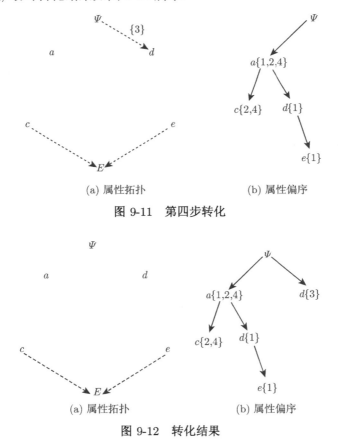

(a) 属性拓扑   (b) 属性偏序

图 9-11　第四步转化

(a) 属性拓扑   (b) 属性偏序

图 9-12　转化结果

9.5　属性偏序到属性拓扑二元关系转化

9.5.1　算法描述

根据 9.2 节和 9.3 节所述, 属性拓扑和属性偏序可以实现双向可逆转化, 从属

性偏序到属性拓扑的转换算法描述如下:

设属性偏序从根结点到终点的路径共有 n 条, 其中任意一条路径 P_i 记为 $P_i=\{\Psi,X_1,X_2,\cdots,X_{\text{end}}\}$. M_T,M_P 分别表示当前属性拓扑和属性偏序图包含属性的全集.

设 X, X_T 分别表示属性偏序和属性拓扑中对应的属性. 设Edge$\leftrightarrow\{X,Y\}$表示从属性 X 指向属性 Y 的双向边. Edge$\rightarrow\{X,Y\}$表示从属性 X 指向属性 Y 的单向边. Edge$\leftarrow\{X,Y\}$表示从属性 Y 指向属性 X 的单向边. Edge$\{\}=\{m_1',m_2',\cdots\}$表示边的权值.

算法的核心思想是以最大共有属性 Ψ 为根结点进行搜索, 逐层合并属性偏序结点并生成属性拓扑图, 合并的思想如 9.3 节所述.

Step 1　　属性偏序图更新: 以 Ψ 为根结点进行深度优先搜索, 得到所有路径 P.

对于任意一条路径 $P_i=\{\Psi,X_1,X_2,\cdots,X_{\text{end}}\}$, 若存在 $X_i\bigcap X_j\neq\varnothing,i<j,i\neq j-1$, 则生成Edge$\rightarrow\{X_i\}=\{X_i'\bigcap X_j'\}$.

Step 2　　以 Ψ 为根结点搜索其邻接定顶点 X_i, 令Im$(X_i)=\#\{\Psi'\bigcap X_i'\}$, 选取属性 $X=\arg\max X_i\{\text{Im}(X_i)\}$, 合并 Ψ 与 X.

Step 3　　合并. 属性偏序更新: 令 $\Psi'_{\text{New}}=\Psi'\bigcap X'$. 对 $\forall m_i\in M$, 满足Edge$(\Psi,m_i)\neq\varnothing$ 或Edge$(X,m_i)\neq\varnothing$, 则Edge$(\Psi,m_i)=$ Edge(Ψ_{New},m_i); Edge$(X,m_i)=$ Edge(Ψ_{New},m_i). Point=Ψ;

若Edge$(\Psi,m_{i1})=$ Edge$(\Psi,m_{i2})=$ Edge(Ψ_{New},m_i), 则合并结点 m_{i1},m_{i2}. 如图 9-13 所示. 其中, $m_i'=m_{i1}'\bigcup m_{i2}'$, Edge$(\Psi,m_i)=\{\Psi'\bigcap m_i'\}$.

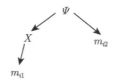

(a) 结点合并前

(b) 合并后, 出现父子结点相同的两条路径　　(c) 合并子结点, 只保留一条路径

图 9-13　　结点合并

Step 4 若 $\Psi' \bigcap X' \subset X'$ 且 $X' - \Psi' \bigcap X' = \varnothing$, 则 X 为 Ψ 的伴生属性; 若 $\Psi' \bigcap X' \subset X'$ 且 $X' - \Psi' \bigcap X' \neq \varnothing$, X 为 Ψ 的相容属性.

Step 5 生成 $X_T' = \{X' \bigcup (X' \bigcap \Psi')\}$, 更新属性拓扑. 设属性 $m_{iT} \in M_T$.

若 $X' \bigcap m_i' \neq \varnothing$ 且 $m_i' \subset (X' \bigcap m_i') \subset X'$, 生成 Edge$\rightarrow\{X, m_{iT}\} = \{X' \bigcap m_i'\}$;

若 $X' \bigcap m_i' \neq \varnothing$ 且 $X_i \subset (X' \bigcap m_i') \subset m'$, 生成 Edge$\leftarrow\{X, m_{iT}\} = \{X' \bigcap m_i'\}$;

若 $X' \bigcap m_i' \neq \varnothing$ 且 $X_i' - (X' \bigcap m_i') \neq \varnothing$ 且 $m_i' - (X' \bigcap m_i') \neq \varnothing$, 生成 Edge$\leftrightarrow\{X, m_{iT}\} = \{X' \bigcap m_i'\}$;

Step 6 若属性偏序图为空, 算法结束. 此时得到完整的属性偏序图. 否则执行 Step 7.

Step 7 以属性 Ψ_{New} 代替 Ψ, 转至 Step 3, 生成新结点 Y.

9.5.2 算法示例

根据 9.5.1 节算法描述, 以表 7-5 所示形式背景为例, 说明从属性偏序到属性拓扑的转化过程.

(1) 以 Ψ 为根结点遍历并更新属性偏序图, 生成 Edge$\{a, e\} = \{1,2,4\} \bigcap \{1\} = \{1\}$. 更新后属性偏序图如图 9-14 所示.

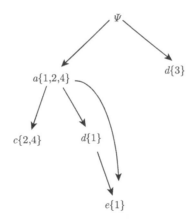

图 9-14 更新后的属性偏序图

(2) 以属性 Ψ 为根结点, 因 Im$\{a\} >$ Im$\{d\}$, 故合并结点 Ψ, a.

(3) 合并: 因 $\Psi' \bigcap a' = a'$ 且 $\Psi' - \Psi' \bigcap a' \neq \varnothing$. 令 $\Psi'_{\text{New}} = \{a' \bigcap \Psi'\} = \{1,2,4\}$, Edge$\{\Psi, a\} = \varnothing$; 根据算法 Step 2, 对任意属性 $m_i \in \{c, d, e\}$ 满足 Edge$\{a, m_i\} \neq \varnothing$ 或 Edge$\{\Psi, m_i\} \neq \varnothing$, 更新属性偏序图, 令 Edge$\{a, m_i\} =$ Edge$\{\Psi_{\text{New}}, m_i\}$. 同时, 令 Edge$\{\Psi, m_i\} =$ Edge$\{\Psi_{\text{New}}, m_i\}$. 生成属性拓扑结点 $a = \{a' \bigcap \Psi'\} = \{1,2,4\}$; 生成边 Edge$\rightarrow\{\Psi, a\} = \{a' \bigcap \Psi'\} = \{1,2,4\}$. 更新后的属性拓扑如图 9-15 所示.

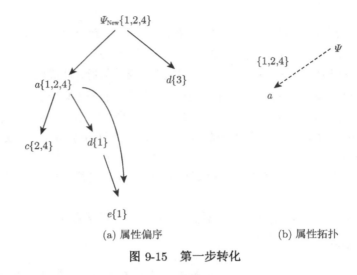

(a) 属性偏序　　　　　　　　　　　　　(b) 属性拓扑

图 9-15　第一步转化

(4) 以属性 Ψ'_{New} 为根结点进行广度优先搜索, 重复 Step 1 和 Step 2 可得属性偏序到属性拓扑转化过程如图 9-16 所示.

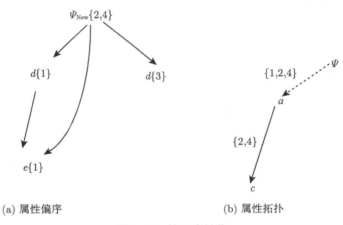

(a) 属性偏序　　　　　　　　　　　　　(b) 属性拓扑

图 9-16　第二步转化

(5) 以属性 Ψ'_{New} 为根结点进行广度优先搜索, 得当前属性偏序图中路径 $P_0=\{\Psi_{\text{New}},d\}$, $P_1=\{\Psi_{\text{New}},d,e\}$, $P_2=\{\Psi_{\text{New}},d\}$. 由于存在父子结点相同的两条路径 P_0, P_2, 故合并路径, 生成属性拓扑结点 $d=\{d'_1 \bigcup d'_2\}$, $\text{Edge}\{\Psi_{\text{New}},d\}=\{d'\}=\{1,3\}$. 转化结果如图 9-17 所示.

(6) 重复 Step 1~Step 5 可得属性偏序到属性拓扑转化过程图如图 9-18 和图 9-19 所示, 图 9-19 即为从属性偏序到属性拓扑的转化结果.

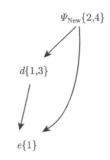

图 9-17 更新后属性偏序图

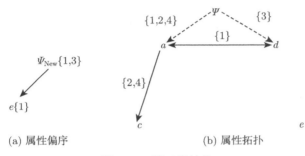

(a) 属性偏序   (b) 属性拓扑

图 9-18 第三步转化

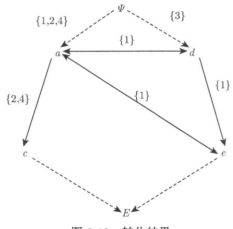

图 9-19 转化结果

从上述转化过程可以看出, 属性拓扑到属性偏序可以进行相互转化, 且转化结果一一对应, 即每一个属性拓扑均有唯一的属性偏序图与之对应. 通过本节给出的转化算法, 可以实现从属性拓扑到属性偏序双向可逆转化.

9.6　本章小结

本章利用属性拓扑和属性偏序二元关系的比较特征, 提出了属性拓扑与属性偏序双向转化算法, 并在此基础上, 进行了属性拓扑的偏序关联规则挖掘, 进一步丰富了属性拓扑关联规则挖掘的算法体系.

参 考 文 献

[1] Agrawal R, Strikant R. Mining sequential patterns[J]. Proceedings of the 11th International Conference on Data Engineering,1995, 31(6):3–14.

[2] Srikant R, Agrawal R. Mining Sequential Patterns: Generalizations and Performance Improvements[C]//International Conference on Extending Database Technology, Berlin Heidelberg, 1996: 1–17.

[3] 刘端阳, 冯建, 李晓粉. 一种基于逻辑的频繁序列模式挖掘算法[J]. 计算机科学, 2015, 42(5): 260–264.

[4] 洪文学, 李少雄, 张涛, 等. 大数据偏序结构生成原理[J]. 燕山大学学报, 2014, 38(5): 388–393, 402.

第10章　属性拓扑粒度关联规则挖掘

粒度关联规则计算首先由Min F, Hu Q, Zhu W三人提出[1,2]. 在国内, 邱桃荣较早关注粒度计算在关联规则中的应用[3]. 袁彩虹结合粒计算与完全图设计了新的关联规则发现算法[4]. 针对支持度小, 复杂度高的数据集, 张月琴等设计了一种基于粒计算的关联规则挖掘算法[5]. 孙平安等则通过采用多层次二进制编码表示, 实现了多层次粒度关联规则挖掘[6].

第7~9章分别从频繁关联、偏序关联提取角度介绍了属性拓扑关联规则发现算法. 在实际应用中, 属性分布往往是不均匀的, 有着明显局部紧密的粒度结构. 因此, 本章以属性拓扑为基础, 综合社团中 GN 算法思想[7], 通过拓扑退化与拓扑分裂构造适用于属性拓扑的粒结构分析算法, 并在此基础上分析属性拓扑粒结构, 给出属性拓扑粒结构的初步定义. 通过粒度分析方法, 探索基于属性拓扑的属性间层次化、结构化的关联表示, 获得属性拓扑所蕴涵的粒度关联规则.

10.1　拓扑粒的基本概念

属性拓扑以形式背景中的属性构成拓扑结点, 以属性及属性间耦合关系构成边, 提供了简洁、可视化的形式背景表示方法, 降低了概念计算的复杂度. 基于分裂的观点, 设属性拓扑中当前划分下属性拓扑粒的集合为 $C=\{c_1, c_2, \cdots, c_i, \cdots\}$, 可以给出属性拓扑粒的定义如下.

定义 10-1　在分裂过程中, 对 $\forall m \in c_i, x \in m - c_i$; 若 $\mathrm{Edge}(m, x) \equiv \varnothing, \mathrm{Edge}(x, m) \equiv \varnothing$, 且 $\exists m_i, m_j \in c_i$, 使 $\mathrm{Edge}(m_i, m_j) \neq \varnothing$ 或 $\mathrm{Edge}(m_j, m_i) \neq \varnothing$, 则 c_i 称为一个拓扑粒 (topology granular, TGr).

属性拓扑粒是在属性拓扑分裂过程中产生, 随着分裂过程的递进逐渐由宏观向微观过渡从而展现出不同粒度层次的一种粒度结构. 拓扑粒在属性拓扑分裂中产生, 并能够利用属性拓扑理论获得完善, 富有实际意义的解释, 既充分体现出粒度计算的特点又突出了属性间关联特性.

为了利于属性拓扑粒结构分析, 首先需要进行属性拓扑的退化, 依据式 (10-1) 将其转化为无向网络. 退化后, 属性拓扑仅保留属性间关联存在与否的信息, 而不考虑属性间关联强度.

定义 10-2　退化后属性拓扑边的邻接矩阵:

$$\text{Edge}T(m_i, m_j) = \begin{cases} 1, & \text{Edge}(m_i, m_j) \neq \varnothing \\ 0, & \text{其他} \end{cases} \tag{10-1}$$

10.2　全网络边介数计算

基于拓扑分裂进行属性拓扑粒结构分析, 首先需要计算属性拓扑每条边的边介数, 在此基础上不断移除边介数最大的边, 更新拓扑, 直到属性拓扑中每个属性分裂成孤立的拓扑粒.

本节将分别介绍单根结点属性权值的计算, 单根结点拓扑边介数计算进而推出全网络边介数计算.

10.2.1　单根结点属性权值计算

单根结点属性权值计算的核心是从网络中选取一个属性作为根结点, 以此为基准计算其他结点到根结点的距离、结点的权值.

结点 i 权值的物理意义是指从结点 i 到根结点路径的数目. 设当前根结点为 s, 属性拓扑中全体属性结点组成的集合为 M, 对 $\forall i \in M - \{s\}$, s 到 i 的最短路径集合记为 $P_{si} = \{p_1, p_2, \cdots, p_n\}$, 集合中任一元素表示从属性 s 到 i 的一条最短路径.

定义 10-3　设路径 $P_{sT} = \{p_1, p_2, \cdots, p_k, \cdots, p_n\}$, P_{sT} 中任一元素 $p_k = \{m_1, m_2, \cdots, m_i, \cdots, m_n\}$, 其中 $\forall m \in M$, 定义 $F(m)$ 表示属性 m_{i-1} 的父结点, $S(m)$ 表示 m_{i+1} 的子结点.

定义 10-4　对于 $\forall m \in M$, 定义结点表示为 $m = \{d_m, w_m\}$. 其中, d_m 为根结点到 m 的距离, w_m 为当前结点权值.

定义 10-5　设BFS(m) 为以 m 起点的邻接顶点集合,

$$\text{BFS}(m) = \{i | \text{Edge}(m, i) \neq \varnothing\}$$

一般地, 对属性拓扑 AT$= (V, \text{Edge})$, 按以下算法计算单根结点属性权值:

算法名称: 单根结点属性权值计算.

算法功能: 实现单一根结点条件下, 属性权值的计算.

算法输入: 属性拓扑图.

算法输出: 以指定属性为根结点的条件下, 属性拓扑每一结点的权值.

Step 1　任选 $m \in M$, 令 $S = m, d_s = 0, w_s = 1$.

Step 2　计算BFS(S), 对 $\forall i \in S(s)$, 令 $d_i = d_s + 1, w_i = w_s = 1$.

Step 3 对 $\forall j \in S(i)$, 若 $d_j = -1$, 则转至Step 4; 若 $d_j = d_i+1$, 则转Step 5; 若 $d_j < d_i+1$, 则转至Step 6.

Step 4 令 $d_j = d_i+1, w_j = w_i$.

Step 5 令 $w'_j = w'_j + w_j$, 其中 w'_j 为此前属性 j 的权值.

Step 6 直接转至Step 3.

Step 7 重复Step 3～Step 6, 直到完成所有结点计算.

从结点距离矩阵中, 可以观察到, 以根结点为核心, 以结点到根结点的距离为依据, 网络中的结点成分成排布的形式, 结点距离值相同的结点在同一层, 这就为下一步边介数计算中判断边距离结点远近提供了依据.

以图 7-14 所示属性拓扑为例, 其单根结点权值赋值过程如下:

(1) 设根结点为 Ψ, 则 $d_\Psi=0, d_\Psi=1$;

(2) 对于根结点的邻接顶点 a,d: 令 $d_a=1, w_a=1; d_d=1, w_d=1$.

(3) 根据算法描述 Step 3 的要求, 计算结点 c,e,E 的权值, 计算结果如图 10-1 所示

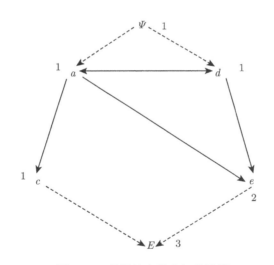

图 10-1 单根结点结点权值计算

10.2.2 单根结点拓扑边介数计算

定义 10-6 对 $\forall m_i \in M$, 若对 $\forall m_j \in M, m_j=\text{BFS}(m_i)$, 有 $d_j < d_i+1$, 则称属性结点 m_i 为一个叶子结点, 记为 m_i^l.

其构成的集合 $L = \{m_i^l | m_i^l \in M, m_i^l = \text{BFS}(m_i), d_j < d_i + 1\}$. 其物理意义为从根结点到其他任何一个其他结点的最短路径都不经过这个结点.

定义 10-7　对 $\forall m_i, m_j \in M$, 其边介数记为 $\mathrm{Edge}B(m_i, m_j)$. 初始化时, 对 $\forall m_i, m_j \in M$, 令 $\mathrm{Edge}(m_i, m_j) = \varnothing$.

定义 10-8　对 $\forall m_i, m_j \in M_\mathrm{s}, i < j, m_j \in S(m_i)$, 有

$$\mathrm{sum}(m_i) = \sum_j \mathrm{Edge}B(m_i, m_j)$$

在此基础上, 单根结点拓扑边介数计算算法如下:

Step 1　对 $\forall t \in L$, 若属性 $i = F(m)$, 则 $\mathrm{Edge}B(m_i, m_j) = w_i / w_j$.

Step 2　建立形式背景全体属性有序集合 $M_s = \{m | \forall m \in M\}$, 对 $\forall m_i, m_j \in M_\mathrm{s}$, 若 $d_i > d_j$, 则交换属性结点 m_i, m_j.

Step 3　对 $\forall m_i, m_j \in M_\mathrm{s}, i < j$, 有 $\mathrm{Edge}B(m_i, m_j) = (1 + \mathrm{sum}(m_j)) w_i / w_j$.

Step 4　对 $\forall m_i, m_j \in M_\mathrm{s}, i = j$, 有 $\mathrm{Edge}B(m_i, m_j) = 0$.

Step 5　重复 Step 3~Step 4, 若对 $\forall \mathrm{Edge}B(m_i, m_j) \neq 0$, $\mathrm{Edge}B(m_i, m_j) \neq \varnothing$, 算法结束.

特殊地, 对 $\forall i \in M - \{S\}$, 若根结点到结点 i 的最短路径只有 1 条, 则无需计单根结点属性权值, 其单根结点边介数计算算法可以简化如下:

Step 1　以 S 为根结点进行广度优先搜索, 得叶子结点集合 $\mathrm{Leaf} = \{l_1, l_2, \cdots, l_n\}$. 对 $\forall m \in \mathrm{Leaf}$, 令 $\mathrm{Edge}B(F(m), m) = 1$.

Step 2　对 $\forall m \in M - \{\mathrm{Leaf}\}$, 令 $F_i(m)$ 表示 $\forall m' \in M \bigcap F(m)$, 令 $S_i(m)$ 表示 $\forall m' \in M \bigcap F(m)$.

则边介数可以由以下公式得到 $\mathrm{Edge}B(F_i(m), m) = \mathrm{Edge}B(m, \{S(m)\}) + 1$. 式中, $\mathrm{Edge}B(m, \{S(m)\}) = \sum_i \mathrm{Edge}B(m, \{S_i(m)\})$.

Step 3　重复 Step 2, 直到计算出所有以 S 为根结点的边介数.

在图 10-1 的基础上, 其单根结点边介数计算过程如下:

(1) 对于叶子点 E 相连的边: $\mathrm{Edge}B(c, E) = 1/3$; $\mathrm{Edge}B(e, E) = 2/3$;

(2) $\mathrm{Edge}B(a, c) = \mathrm{Edge}B(c, E) + 1 = 4/3$;

(3) $\mathrm{Edge}B(d, e) = \mathrm{Edge}B(e, E) + 1 = 5/3$;

(4) $\mathrm{Edge}B(a, e) = \mathrm{Edge}B(e, E) + 1 = 5/3$;

(5) $\mathrm{Edge}B(\Psi, d) = \mathrm{Edge}B(d, e) + 1 = 8/3$;

(6) $\mathrm{Edge}B(a, d) = \mathrm{Edge}B(d, e) + 1 = 8/3$;

(7) $\mathrm{Edge}B(\Psi, a) = \mathrm{Edge}B(a, c) + \mathrm{Edge}B(a, d) + 1 = 16/3$.

此时, 属性拓扑中所有边的边介数计算完成, 其结果如图 10-2 所示.

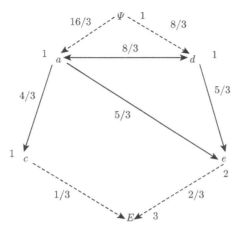

图 10-2   单根结点拓扑边介数计算

10.2.3   全网络边介数计算

依上节所述算法, 可得以 m_i 为根结点的边介数. 按以下算法可得全网络边介数:

Step 1   对 $\forall m_i \in M$, 令 $S = m_i$, 得边介数矩阵记为 $\mathrm{Edge}B^{m_i}$, 将 m_i 加入集合 N 中.

Step 2   对 $\forall m_j \in M - N$, 令 $S = m_j$, 得边介数矩阵记为 $\mathrm{Edge}B^{m_j}$, 将 m_j 加入集合 N.

Step 3   重复Step 2, 直到 $M - N = \varnothing$.

Step 4   全网络边介数 $\mathrm{Edge}B = \sum\limits_{m_k} \mathrm{Edge}B^{m_k}$.

10.3   基于拓扑分裂的属性拓扑粒结构划分算法

定义 10-9   设属性拓扑中拓扑粒集合为 $C = \{c_1, c_2, \cdots, c_i, c_j, \cdots\}$. 其中, c_i, c_j 分别为属性拓扑中的一个拓扑粒. 则对 $\forall m_x \in c_i$, $\forall m_y \in c_j$, 有 $\mathrm{Edge}T(m_x, m_y) = \varnothing$.

由 10.2 节可以得到网络的全网络边介数$\mathrm{Edge}B$. 基于拓扑分裂的属性拓扑粒结构划分算法通过逐步移除网络中边介数最大的边, 将网络分裂成一个个孤立的子拓扑, 达到拓扑粒划分的目的, 其算法如下:

Step 1   据式 (10-1), 进行拓扑退化:

若$\mathrm{Edge}B(x, y) = \max\{\mathrm{Edge}(i, j)\}$, 则令 $\mathrm{Edge}T(x, y) = \varnothing$.

Step 2　依据更新的拓扑, 重新计算全网络边介数 $\mathrm{Edge}B = \sum_{m_k} \mathrm{Edge}B^{m_k}$.

Step 3　重复Step 1~Step 2, 若 $\exists c_i$, 满足对 $\forall m_x \in c_i$, $\forall m_y \in c_j$, 有$\mathrm{Edge}T(m_x, m_y) = \varnothing$, 则将 c_i 加入集合 C. 将此时划分结果 C 计入集合Re中, 其中Re=$\{C_1, C_2, \cdots\}$.

Step 4　重复Step 1~Step 3, 若对 $\forall m_i, m_j \in M$, 有$\mathrm{Edge}B(m_i, m_j) = \varnothing$, 算法结束.

10.4　属性拓扑粒划分实验

依据 10.3 节所述属性拓扑粒划分算法, 可以实现对属性拓扑进行粒结构分析, 本节首先将以一个形式背景为例叙述利用上述算法进行划分的过程. 在此之后, 结合形式背景的实际意义说明属性拓扑的粒度计算特性.

10.4.1　属性拓扑的退化

以表 2-1 所示形式背景为例, 依据属性拓扑理论, 约简全局属性 a, 依据公式 (10-1) 退化属性拓扑如图 10-3 所示.

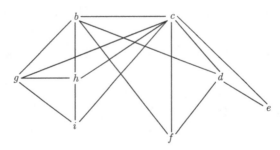

图 10-3　退化的属性拓扑

经退化, 属性拓扑转化为无权无向拓扑图. 边表示属性之间的关联关系. 从图 10-3 中可以看出, 拓扑中边的连接是不均匀的, 即拓扑中属性关联紧密程度不同, 属性拓扑的这种特性是其具有粒度结构的本质原因.

10.4.2　粒结构划分

利用 10.3 节所述基于拓扑分裂的属性拓扑粒分析算法, 可以得到粒划分结果如表 10-1 所示, 表中拓扑粒标号依据该拓扑粒从属性拓扑网络中分裂出来的顺序排列.

从表 10-1 可以看出, 依据基于拓扑分裂的属性拓扑粒结构分析算法, 从宏观到微观, 共得到三个层次的拓扑粒结构划分.

表 10-1 基于拓扑分裂的粒划分结果

属性	b	c	d	e	f	g	h	i
划分一	I	I	I	II	I	I	I	I
划分二	I	I	I	II	I	III	III	IV
划分三	I	II	III	IV	V	VI	VII	VIII

在第一级粒结构中, 属性拓扑可以分为两个拓扑粒. 属性结点 e 因与拓扑中其他结点联系最为稀疏首先分裂成为一个独立的拓扑粒.

在次级的粒结构划分中, 一级分解中的拓扑粒 I 进一步分裂成三个拓扑粒. 在第二层划分中, 共有四核拓扑粒, $C_2=\{c_1,c_2,c_3,c_4\}$. 其中, $c_1=\{b,c,d,f\}$, $c_2=\{e\}$, $c_3=\{g,h\}$, $c_4=\{i\}$.

结合属性实际意义分析可知, 在宏观尺度上, c_1,c_2 共同构成植物的属性特征, c_3,c_4 共同构成动物的属性特征. 在微观尺度上, 植物类属性特征 e, 动物类属性特征 i 与各自类别联系较弱, 因此独立成为一个粒.

在末级粒结构中, 每个属性均称为一个独立的拓扑粒, 对属性拓扑的分解达到单属性分析的微观层面. 属性拓扑粒结构分析宏微观尺度可切换性与粒度计算具有天然的联系.

同时, 从实验中可以看出, 拓扑粒内部关联紧密, 关联关系丰富. 拓扑粒之间则关联相对稀疏. 这一特征是粒度结构进行关联规则计算的特征优势.

针对此例, 属性拓扑的层次粒度结构可以用图 10-4 表示.

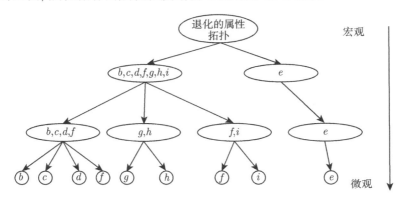

图 10-4 属性拓扑的层次粒度结构

粒度关联规则与频繁关联规则和偏序关联规则不同, 粒度关联规则注重多层次, 多粒度展示属性之间的关联关系, 其可视化特征更加突出, 更符合人类认知、学习事物关联关系的规律. 本章所述粒度关联规则是广义的关联规则, 以属性拓扑的拓扑结构和特征为出发点, 揭示属性间关联关系, 这与狭义关联规则以频繁模式为核心的方法有所不同.

10.5　本 章 小 结

本章以属性拓扑为基础, 以退化的属性拓扑为分析对象, 利用基于拓扑分裂的属性拓扑粒划分方法分析属性拓扑的粒度结构, 通过对属性拓扑粒划分结果的分析, 结合形式背景的实际意义, 力图揭示属性拓扑的粒度关联特性. 在粒度层面上, 以更宏观的角度, 发现了拓扑粒内部及拓扑粒之间的关联关系.

参 考 文 献

[1]　Min F, Hu Q, Zhu W. Granular Association Rules with Four Subtypes[C]// IEEE International Conference on Granular Computing,Hangzhou,China,2012:353–358.

[2]　Min F, Hu Q, Zhu W. Granular association rules on two universes with four measures[J]. Computer Science, 2013(2):1–32.

[3]　邱桃荣, 陈晓清, 刘清, 等. 粒计算在关联规则挖掘中的应用 [J]. 计算机科学, 2006, 33(11): 120-123.

[4]　袁彩虹. 基于粒计算与完全图的关联规则算法研究 [D]. 郑州: 河南大学, 2009:15–40.

[5]　张月琴, 晏清微. 基于粒计算的关联规则挖掘算法 [J]. 计算机工程, 2009, 35(20): 86–90.

[6]　孙平安. 基于粒计算的多层次关联规则挖掘技术研究 [J]. 吉林师范大学学报, 2012, 33(3): 77–81.

[7]　汪小帆, 李翔, 陈关荣. 复杂网络理论及其应用 [M]. 北京: 清华大学出版社,2006: 171–175.

第四篇

记 忆 模 型

第 11 章　属性拓扑的记忆模型

11.1　引　　言

认知计算起源于构造模拟人脑的计算机系统, 近年来随着人工智能的发展认知计算受到了各界的广泛关注 [1,2]. 概念是认知的基本单元, 因此以形式概念作为基本分析单元的形式概念分析是认知计算领域的重要方法之一 [3-5]. 目前, 形式概念分析的认知研究已经逐步引起了国内外学界的关注, 且已经具有了一定的研究成果 [6], 但至今为止尚无基于形式背景直接表示的认知成果发表.

此外, 近年来认知计算已经从人脑的理解能力、决策能力以及洞察与发现能力等方面进入了深入研究, 并取得了一定成果 [7-10]. 然而, 在大量的研究成果中, 人脑所具有的记忆特性并没有作为人脑的重要功能之一而引起认知计算学界足够的重视.

事实上, 从人类记忆的角度, 遗忘无关事物有助于对重要事物的记忆. 因此, 遗忘是人脑对记忆的筛选, 对人类不断记忆和学习有着积极意义. 事实上, 人脑的遗忘特性一直以来都是教育、生物科学、心理学等学科关注的焦点 [11-13], 是人脑极为重要的特性之一. 目前, 各个学科都已经从自己的学科角度出发, 对记忆特性进行了大量的研究, 并归纳出了许多实用的记忆模型 [14-16], 近年来, 随着人工智能的兴起, 遗忘这一人脑学习特性, 也开始被认知计算研究界关注 [17,18]. 形式概念作为认知分析的基础, 为认知计算提供了基于概念的分析方法 [19].

而在形式概念分析领域, 对于形式背景的表示具有 Hasse 图 [20]、属性树 [21]、属性拓扑 [22] 等多种表示方法. 属性拓扑作为形式背景分析中的一种新型表示方法, 将形式背景表示成属性间的网络拓扑结构, 不但具有与形式背景一一对应等基本属性, 还可以完成传统的概念计算 [23-25] 和与概念格的双向转换 [26], 而且拓展了形式概念分析在信息处理领域的应用范围 [27]. 从认知学角度来看, 属性拓扑的表示方法与联结主义的研究具有相通之处 [28], 因此其具有天然的认知计算能力. 此外, 从神经学的角度来看, 属性拓扑的表示方法与神经元及其之间的连接在结构上十分类似. 因此, 选择以属性拓扑为基础, 对人脑的记忆特性进行分析.

11.2   当前的记忆模型

研究人脑的记忆机制对人类认知事物方法的研究有着重要意义. 生物科学、心理学、教育学等学科都曾对人脑的记忆机制进行过深入的研究, 并已经取得了大量的研究成果. 考虑到以往的研究成果对基于属性拓扑的人脑记忆特性的研究具有重大借鉴意义, 因此, 本节将首先对以往人脑记忆特性的研究成果进行分析.

11.2.1   记忆信息的三级加工模型

阿特杰森和希福林从心理学角度提出了记忆信息的三级加工模型[29], 如图 11-1 所示.

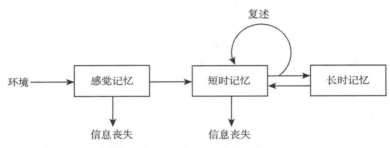

图 11-1   记忆信息的三级加工模型

根据记忆信息的三级加工模型可以看出, 外界信息进入记忆系统后, 经历了感觉记忆、短时记忆和长时记忆三个阶段 [30]. 其实现过程如下:

首先, 外部信息输入感觉记忆, 感觉记忆有丰富的信息, 具有各感觉通道的某些特征, 可以被分为图像记忆、声像记忆等, 但很快就会消失. 然后部分信息会重新编码进入短时记忆, 信息编码的形式可以是听觉的、口语的或书面语言的, 但短时记忆的信息也会很快消失. 短时记忆可以被看作是一个缓冲器, 短时记忆也可以被看作是信息进入长时记忆的加工器. 长时记忆是一个真正的信息库, 信息在这里可以是听觉的、口语的、书面语言的或视觉的编码方式. 长时记忆中的信息可能因为消退、干扰或强度降低而不能提取出来, 但这些信息的贮存可以说是永久的. 在这个模型中. 信息从一个记忆阶段转到另一个阶段多半是受人脑有意识或无意识控制的. 复述是完成信息转移的关键, 简单地保持复述是不能起到作用的, 只有精确的整合性复述才能将复述材料加以组织, 并与其他信息联系起来, 在更深层次上加工, 信息才能从短时记忆转入长时记忆.

11.2.2   人脑记忆粒化模型

根据生物科学的相关研究表明[31], 人脑记忆事物并不是一次性记住事物的整体, 而是先通过神经元的计算分析将事物分为若干信息粒子, 再根据各个信息粒子之间的关系对事物进行记忆. 因此, 人脑的记忆模型应为多个信息粒子及粒子之间关联关系的构成的网状模型, 如图 11-2 所示.

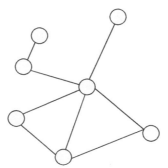

图 11-2　人脑记忆粒化模型

由人脑记忆粒化模型可以看出该模型具有良好的可视性, 可以直观地看出信息粒子之间是否存在关联, 并且该模型所呈现的网状结构与人脑中神经元及其之间关联构成的网状结构十分相似. 但是, 该模型也存在着一些明显的缺陷, 如仅仅从人脑记忆粒化模型中无法区分或辨别信息粒子, 并且信息粒子之间的关联程度也未能进行明确表述.

11.2.3　记忆机制的 Object-Attribute-Relation(OAR) 模型

Yingxu Wang 从认知科学的角度出发, 通过对人脑的记忆特性的分析提出了记忆机制的 Object-Attribute-Relation(OAR) 模型 [32], 如图 11-3 所示.

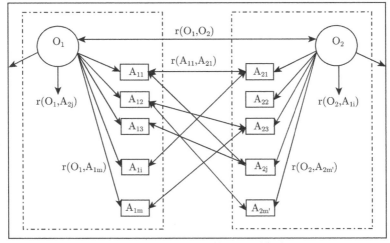

图 11-3　记忆机制的 OAR 模型

记忆机制的 OAR 模型是人脑中对象、属性以及对象与对象之间、属性与属性之间、对象与属性之间关联关系的信息表示模型. 该模型在很好地表现各个属性之间关联关系的同时, 相对于人脑记忆粒化模型, 具有更好的可视性和可分析性, OAR 模型还很好地表示了对象与属性之间、对象与对象之间的关联关系, 并且能够表示不同属性、不同对象以及属性与对象之间的关联程度.

11.2.4 遗忘曲线图

在记忆与时间之间关系的研究方面, 早在 1885 年德国心理学家赫尔曼 · 艾宾浩斯便根据人类大脑对事物遗忘的规律提出了遗忘曲线, 并将其归纳为遗忘曲线图 [33], 如图 11-4 所示.

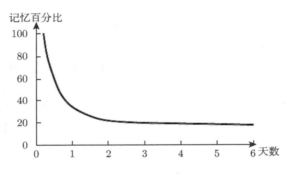

图 11-4   遗忘曲线图

在遗忘曲线图中, 艾宾浩斯设定人脑初次记忆事物时对该事物的记忆百分比约为 100%, 随着时间的递增, 记忆百分比将逐渐减小. 此外, 由遗忘曲线图可以看出, 对于一般事物, 人脑的遗忘速度并不是均匀的, 而是基本遵循着 "先快后慢" 的规律, 即在初次认识事物后, 最初的一段时间内遗忘速度较快, 随着时间的流逝遗忘速度将越来越慢.

11.3   属性拓扑的记忆特性分析

上一节对已有记忆模型进行了分析, 这为随后章节中对人脑记忆特性的进一步研究打下了坚实的基础. 但是这些记忆模型都只从人脑记忆特性的某一方面对人脑的记忆特性进行了深入研究, 并没有实现记忆模型的统一认知, 都处于各自的假说阶段, 因此本节将在总结前人所提出的记忆模型的基础上, 对人脑记忆的机制进行进一步的分析. 并通过对认知本质以及属性拓扑所具有的认知特性的分析来挖掘属性拓扑与记忆模型之间存在的联系, 从而为后续基于属性拓扑的记忆模型的提出奠定基础.

11.3.1 认知的本质

认知的本质实质上是人脑对于相同物理材料不同组织形式导致的差异性构造. 在组织过程中, 认知的差异性既要受到前期经验 (已有认知网络) 的影响, 又要受到思考方式 (思维展开方式) 的影响.

前期经验主要是指在特定认知时刻之前所积累的知识内容, 其取决于被分析主体所积累的可识别事物总和, 例如: 人类在童年时代或许会经历一段鸭、鹅不分的时期, 这是由于在儿童的认知库中, 对鸭子的认识为 "两条腿" "有翅膀" "会游泳" 等特征相关联, 而这些特征鹅也具有, 所以无法区分. 该内容反映在模型上, 即为形式背景的完备性在思考方式 (思维展开方式) 的影响方面, 对于成年人的较为成熟的认知网络而言, 对于同一事物的看法与见解往往由于思考方式的不同而有所不同. 例如: 《两小儿辩日》中, 一个小孩通过近大远小的道理认为太阳早上离人近一些, 另一个小孩则通过近的时候感觉热而远的时候感觉冷的道理认为太阳中午离人近一些. 这说明对于相同的物理材料 (太阳) 由于二者思维方式的不同产生了不同的组织, 从而得到了不同的认知结果. 反映在模型上, 即为以不同的方式进行展开.

基于以上两点, 属性拓扑的记忆模型将从两方面入手, 即为背景的表现和背景的展开. 其中, 在本书第二篇中, 描述了如何以概念方式展开背景. 在第三篇中, 描述了如何以关联方式展开背景. 因此, 本篇的重点在于如何在时间维度下描述背景的记忆变化规律.

11.3.2 记忆特性与属性拓扑

人脑的记忆模型可以从认知特性和遗忘特性两个角度分别出发从而形成两种不同的记忆模型. 而属性拓扑作为形式背景的一种表示方法, 不仅能够直观地表示形式背景中的属性, 而且能够对属性之间的关联关系进行分析. 根据对记忆模型的分析, 并将其与属性拓扑进行类比, 不难发现, 属性拓扑图可以同时适用于模拟人脑记忆模型所需要的认知特性与遗忘特性.

从人脑的记忆角度对属性拓扑模拟人脑的认知特性进行分析, 将 11.2 节中提出的人脑记忆粒化模型与属性拓扑进行对比分析可以发现二者在结构与逻辑上具有相似性 (图 11-5).

从结构角度分析, 人脑记忆粒化模型是由信息粒子与粒子之间的关联关系构成网状结构; 而属性拓扑则是由属性与属性之间的关联关系构成网状结构. 同时, 属性拓扑具有和人脑神经元类似的连接结构, 这在物理层面保证了属性拓扑用于记忆模型的可行性.

从逻辑角度出发, 二者在应对认知事物的方法上不谋而合. 在人脑记忆粒化模型中, 某一事物被分解为信息粒子, 人脑通过记忆信息粒子与其之间的关联关系记忆该事物, 多个事物的信息粒子相互关联, 构成人脑的记忆; 而在属性拓扑中, 一个对象具有多个与其对应的属性, 多个对象具有的属性与其之间的关联关系构成属性拓扑. 因此, 属性拓扑可以理解为抽象后的人脑粒化模型. 这在逻辑层面保证了属性拓扑用于记忆模型的可行性.

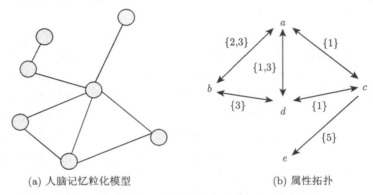

(a) 人脑记忆粒化模型　　　　　　　　　(b) 属性拓扑

图 11-5　人脑记忆粒化模型与属性拓扑的对比图

此外, 根据第 10 章提出的拓扑粒的概念, 属性拓扑可通过拓扑退化与拓扑分裂构造适用于属性拓扑的粒结构分析算法, 并在此基础上分析属性拓扑粒结构. 通过粒度分析方法, 可以探索基于属性拓扑的属性间层次化、结构化的关联表示, 获得属性拓扑所蕴涵的粒度关联规则. 因此, 属性拓扑可在粒度层面上, 以更宏观的角度, 发现拓扑粒内部及拓扑粒之间的关联关系.

11.4　属性拓扑的记忆模型

除了 11.2 节中已有记忆模型所挖掘的人脑记忆特性外, 人脑的记忆特性仍有未被挖掘的部分. 本节将对人脑记忆特性中一些未被挖掘的特性进行分析. 并总结人脑的记忆特性提出属性拓扑的记忆模型.

11.4.1　人脑记忆特性的进一步挖掘

根据生活实际可以发现人脑对于事物的遗忘并非一次性将事物整体遗忘, 而是首先对组成事物的部分信息粒子以及信息粒子之间的关联关系进行遗忘, 进而对事物整体遗忘. 人常常会记得某一事物, 却忘记了该事物的某一特性, 这也符合人类日常生活中的记忆情况. 在属性拓扑中, 该过程可对应为属性与概念间的关系. 属性的遗忘 (删除) 最终将导致认知中概念结构的变化. 因此需要设计对属性拓扑的遗忘机制.

经过研究表明 [34] 产生这种记忆现象的原因是由于组成同一事物的不同信息粒子对人脑的刺激程度不同, 而人脑对刺激程度不同的信息粒子的遗忘处理方法不同. 对于对人脑刺激程度较大的信息粒子, 人脑将会对其进行长期记忆甚至终身不忘; 而对于那些对人脑刺激程度较小的信息粒子, 随着时间的推移, 将会逐渐从人脑的原有记忆中删除. 但若刺激程度较小的信息粒子对人脑进行反复刺激, 当刺激达到一定程度后, 原本刺激程度较小的信息粒子也会成为刺激程度较大的信息粒子, 这个过程即为人脑中瞬时记忆变成短期记忆甚至长期记忆的过程.

因此, 为了对人脑记忆粒化模型进行更确切地描述, 人脑记忆粒化模型需要引入人脑对不同信息粒子分级处理的特性, 并将其称为人脑记忆分级粒化模型, 如图 11-6 所示.

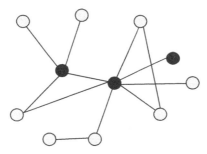

图 11-6　人脑记忆分级粒化模型

图 11-6 中, 由黑色填充的圆圈表示对人脑刺激程度较大的信息粒子, 由灰色填充的圆圈表示对人脑刺激程度较小的信息粒子.

此外, 随着时间流逝, 对于出现时对人类刺激程度较大的事物将会变成人类的深层记忆, 虽很难唤醒, 却也不会被忘记; 而对于出现时对人类刺激程度较小的事物, 人们在完全忘记之前会出现一段记忆模糊的时间, 即能够记得其曾发生或出现过, 但对细节、内容的记忆十分模糊. 将以上两种情况均称为记忆模糊阶段. 设对图 11-2 所示的人脑记忆分级粒化模型进行遗忘至模糊阶段, 以信息粒子之间的虚线表示其关联关系的模糊, 其所得的人脑记忆分级粒化模糊模型如图 11-7 所示.

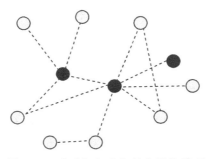

图 11-7　人脑记忆分级粒化模糊模型

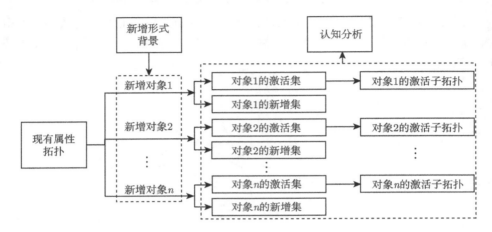

11.4.2　属性拓扑的激活模型

属性拓扑的激活从人脑记忆的角度可理解为对记忆的唤醒, 因此研究属性拓扑的激活对理解人脑记忆事物的方式具有重大意义.

设属性拓扑的激活模型如图 11-8 所示.

图 11-8　属性拓扑的激活模型

设特定时刻存在属性拓扑 $\mathrm{AT} = (V, \mathrm{Edge})$, 随后任意时刻 t 出现新增形式背景 $K_t = (G, M, I)$. 若存在 $g_1, g_2, \cdots, g_n \in G$, 则有 $f(g_1) = M_1 \subseteq M, f(g_2) = M_2 \subseteq M, \cdots, f(g_n) = M_n \subseteq M$.

设新增形式背景 $K_t = (G, M, I)$ 的属性拓扑表示为 $\mathrm{AT}_0 = (V_0, \mathrm{Edge}_0)$. 对 $g_1, g_2, \cdots, g_n$ 分别求激活集 $V_{Ag_1} = V \bigcap V_{0g_1}, V_{Ag_2} = V \bigcap V_{0g_2}, \cdots, V_{Ag_n} = V \bigcap V_{0g_n}$ 和新增集 $V_{\mathrm{new}g_1} = V_{0g_1} - V_{Ag_1}, V_{\mathrm{new}g_2} = V_{0g_2} - V_{Ag_2}, \cdots, V_{\mathrm{new}g_n} = V_{0g_n} - V_{Ag_n}$. 激活集与新增集具有重要的认知意义, 第 12 章将对其进行详细分析.

设函数 Edge_A 表示在属性拓扑 $\mathrm{AT}=(V, \mathrm{Edge})$ 中顶点集合 V_A 所对应的边的集合, 则激活顶点 V_A 与激活边集 Edge_A 所构成的二元组 $\mathrm{AT}_A = (V_A, \mathrm{Edge}_A)$ 即为激活子拓扑. 当前认知背景 $\mathrm{AT} = (V, \mathrm{Edge})$ 下对不同对象 g 的认知具有差异性, 这种差异性可由对象 g 构成的激活子拓扑 $\mathrm{AT}_{Ag} = (V_{Ag}, \mathrm{Edge}_{Ag})$ 的结构分析得出.

11.4.3　属性拓扑的遗忘模型

综合以上前人总结的记忆模型以及对人脑记忆特性的进一步分析, 设定属性拓扑的记忆处理过程如图 11-9 所示.

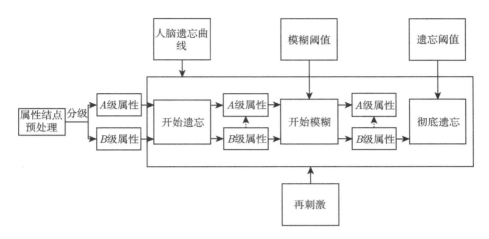

图 11-9　属性拓扑的记忆处理过程

设特定时刻存在形式背景 $K_t = (G, M, I)$, 对所有属性结点的集合 M 进行属性结点分级, 可分为 A, B 两个等级, 设 M_A 表示等级为 A 的属性结点的集合, M_B 表示等级为 B 的属性结点的集合, 则有 $M = M_A \bigcup M_B, M_A \bigcap M_B = \varnothing, M_A, M_B \in M$. 若用 levm 来表示任意属性结点 m 的等级, 则对于任意 A 级属性结点有 levm $= A$, 对于任意 B 级属性结点有 levm $= B$. 从人脑记忆角度来说, A 级属性结点为属性拓扑中重要程度较高的属性结点, 不会随着时间的流逝而被遗忘, 即为长期记忆的属性结点. B 级属性结点为属性拓扑中重要程度较低的属性结点, 将会随着时间的流逝而被遗忘, 即为短期记忆的属性结点.

设人脑遗忘曲线 $p = q(t)$ 为随时间变化的函数 [33], 对所有属性结点引入该时间函数进行遗忘处理, 设任意属性结点初始时刻的记忆百分比均为 100%. 在遗忘过程中, 属性结点的记忆百分比表示为 $p_U = h(q(t), \text{levm}, s)$, 其中 s 为再刺激的标志位, $p_U = h(q(t), \text{levm}, s)$ 为随时间变化的函数, 且 $t \geqslant 0$, 并且依据人脑记忆特性设定 $p_U = h(q(t), \text{levm}, s)$ 的值域为 $[0, 1]$.

设记忆的模糊阈值为 α, 遗忘阈值为 $\beta, \alpha > \beta \geqslant 0$. 当任意属性结点的记忆百分比降低至小于设定的模糊阈值 α 时, 即 $p_U = h(q(t), \text{levm}, s) = \alpha$ 时, 对该属性结点进行模糊处理, 并继续按照人脑遗忘曲线 $p = q(t)$ 进行遗忘, 当记忆的百分比达降低至小于设定的遗忘阈值 β 时, 即 $p_U = h(q(t), \text{levm}, s) = \beta$ 时, 预处理中重要程度较高的 A 级属性结点及其关联关系将继续遗忘, 而预处理中对人脑重要程度较低的 B 级属性结点将被彻底遗忘, 即

$$p_U = \begin{cases} p_A = h(q(t), s), & \text{levm} = A \\ p_B = 0, & \text{levm} = B \end{cases}$$

　　此外, 在开始遗忘 $p_U = 100$ 到彻底遗忘 $p_U = 0$ 的整个过程中, 属性拓扑中的任意属性结点均可接受再刺激 $p_U = h(q(t), \mathrm{levm}, s)|_{s=1}$, 并在接受到再刺激后提升其记忆百分比 $p_U = h(q(t), \mathrm{levm}, s)|_{s=1}$. 且 B 级属性结点的刺激达到一定程度后, 其等级也会相应提升至 A 等级, 即从短期记忆结点变为长期记忆结点.

11.4.4　几种记忆模型的对比分析

　　根据以上分析, 将属性拓扑的记忆模型与以往的记忆模型进行对比, 可得对象拓扑如图 11-10 所示.

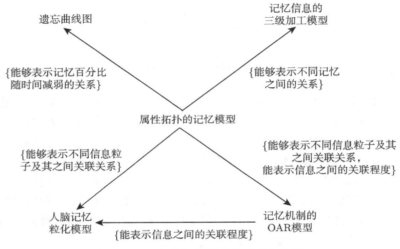

图 11-10　各种记忆模型的对象拓扑图

　　由图 11-10 可知, 在几种记忆模型的相互关系中, 属性拓扑记忆模型为顶层对象, 具有其他记忆模型的所有属性, 因此理论上其他模型的功能可以由属性拓扑统一表示. 而且, 属性拓扑记忆模型还具有自己的独有属性.

　　由于属性拓扑本身所具有的可粒化等特性以及 11.4.1 节中对人脑记忆特性的进一步探索所得人脑记忆特性的添加, 使得属性拓扑的记忆模型具有的特性得到了极大的丰富. 现将属性拓扑的记忆模型的主要特性与几种记忆模型的各项特性进行对比, 并将对比结果以形式背景的方式进行表示.

　　如表 11-1 所示, 根据属性拓扑的记忆模型与以往记忆模型的对比可知, 以往的记忆模型往往只基于人脑的记忆特性的某一方面来进行分析并构造模型, 而属性拓扑的记忆模型在总结了以往记忆模型特性的基础上, 添加了能够对重要程度不同的信息粒子进行等级设定、能够表示记忆的模糊状态、可粒化等人脑记忆的特性分析, 从而构造出了更为贴近人脑记忆机制的记忆模型.

表 11-1　记忆模型的功能对比

功能 记忆模型	能够表示不同记忆之间的关系	能够表示不同信息粒子及其之间关联关系	能够表示记忆百分比随时间减弱的关系	能表示信息之间的关联程度	能够对重要程度不同的信息粒子进行等级设定	能够表示记忆的模糊状态	可粒化
记忆信息的三级加工模型	×						
人脑记忆粒化模型		×					
记忆机制的 OAR 模型		×		×			
遗忘曲线图			×				
属性拓扑的记忆模型	×	×	×	×	×	×	×

11.5　本 章 小 结

本章首先介绍了前人在记忆研究方面总结出的模型; 然后对认知的本质及属性拓扑具有的认知特性进行了分析; 随后在以上基础上提出了属性拓扑的记忆模型, 并对属性拓扑的记忆模型的实现方法加以简要分析; 最后对属性拓扑的记忆模型与以往提出的记忆模型进行了对比, 突出了属性拓扑的记忆模型在模拟人脑记忆特性方面的优势.

参 考 文 献

[1] What is cognitive computing? [EB]. (2008-11-20)[2016-3-27]. http://www.wisegeek.com/what-is-cognitive-computing.htm.

[2] Lourdes M B, Fernando M A, Jorge M B, et al. Complexity and cognitive computing [A]// Proceedings of the 11th International Conference on Industrial and Engineering Applications of Artificial Intelligence and Expert Systems: Methodology and Tools in Knowledge-based Systems [C]. London, UK: Springer-Verlag, 1998: 408–417.

[3] 曲开社, 翟岩慧. 偏序集、包含度与形式概念分析 [J]. 计算机学报, 2006, 29(2):219–226.

[4] 毕强, 滕广青. 国外形式概念分析与概念格理论应用研究的前沿进展及热点分析 [J]. 现代图书情报技术, 2010(11):17–23.

[5] Defrees S A, Gaeta F C A, Ying C L, et al. Ligand recognition by E-selectin: analysis of conformation and activity of synthetic monomeric and bivalent sialyl Lewis X analogs

[J]. Journal of the American Chemical Society, 1993, 115(16): 7549–7550.

[6] 汤亚强, 范敏, 李金海. 三元形式概念分析下的认知系统模型及信息粒转化方法 [J]. 山东大学学报 (理学版), 2014, 49(8):102–106.

[7] Xu T, Yang Z, Jiang L, et al. A Connectome Computation System for discovery science of brain[J]. 科学通报 (英文版), 2015, 60(1):86–95.

[8] 左西年, 张喆, 贺永, 等. 人脑功能连接组: 方法学、发展轨线和行为关联 [J]. 中国科学, 2012, 57(35):3399–3413.

[9] Temple S, Furber S. Packet-switched brain models, and cognitive computing[J]. Engineering & Technology, 2011, 6(12):71.

[10] Brasil L M, Azevedo F M D, Barreto J M. Hybrid expert system for decision supporting in the medical area: complexity and cognitive computing[C]// International Conference on Industrial and Engineering Applications of Artificial Intelligence and Expert Systems: Methodology and TOOLS in Knowledge-Based Systems. Springer-Verlag, 2001:408–417.

[11] Michael W A. What Postmodernists Forget: Cultural Capital and Official Knowledge[J]. Curriculum Studies, 2012, 1:15.

[12] Dragan G, Shane D, George S. Let's not forget: Learning analytics are about learning[J]. Techtrends, 2015, 59(1):64–71.

[13] Celia B H, Paul G K, John S, et al. We Remember, We Forget: Collaborative Remembering in Older Couples[J]. Discourse Processes A Multidisciplinary Journal, 2011, 48(4):267–303.

[14] Murre J M J, Chessa A G, Meeter M. A mathematical model of forgetting and amnesia[J]. Frontiers in Psychology, 2013, 4(2):76.

[15] Gurrin C, Lee H, Hayes J. Forgot: A model of forgetting in robotic memories[C]// ACM/IEEE International Conference on Human-Robot Interaction. IEEE Press, 2010: 93–94.

[16] Nembhard D, Osothsilp N. An empirical comparison of forgetting models[J]. IEEE Transactions on Engineering Management, 2001, 48(3):283–291.

[17] Norman K A, Newman E L, Detre G. A neural network model of retrieval-induced forgetting[J]. Psychological Review, 2007, 114(4):887–953.

[18] Chiriacescu V, Soh L K, Shell D F. Understanding human learning using a multi-agent simulation of the unified learning model[J]. International Journal of Cognitive Informatics & Natural Intelligence, 2013, 7(7):143–152.

[19] Wang Y. Paradigms of Denotational Mathematics for Cognitive Informatics and Cognitive Computing[J]. Fundamenta Informaticae, 2009, 90(3):283–303.

[20] Ali J, Samir E. Galois connection, formal concepts and Galois lattice in real relations: application in a real classifier [J]. Journal of Systems & Software, 2002, 60(2): 149–163.

[21] 张涛, 洪文学, 路静. 形式背景的属性树表示 [J]. 系统工程理论与实践, 2011(S2): 197–202.

[22] 张涛, 任宏雷. 形式背景的属性拓扑表示 [J]. 小型微型计算机系统, 2014, 35(3): 590–593.

[23] 张涛, 任宏雷, 洪文学, 等. 基于属性拓扑的可视化形式概念计算 [J]. 电子学报, 2014, 42(5):925–932.

[24] 尹国定, 卫红. 云计算——实现概念计算的方法 [J]. 东南大学学报 (自然科学版), 2003, 33(4): 502–506.

[25] 吕跃进, 李金海. 概念格属性约简的启发式算法 [J]. 计算机工程与应用, 2009, 45(2):154–157.

[26] Zhang T, Li H, Wei X, et al. Attribute Topology and Concept Lattice Bridged by Concept Tree [C]//2015 Fifth International Conference on Instrumentation and Measurement, Computer, Communication and Control (IMCCC). IEEE, 2015: 1037–1041.

[27] 张涛, 李慧, 任宏雷. 博客数据的属性拓扑分析 [J]. 燕山大学学报, 2015, 39(1):42–50.

[28] Barsalou L W, Breazeal C, Smith L B. Cognition as coordinated non-cognition [J]. Cognitive Processing, 2007, 8(2): 79–91.

[29] Atkinson R C, Shiffrin R M. The psychology of learning and motivation[J]//Spence K W, Spence J T. New York: Academic Press, 1968:89–195.

[30] 张格伟, 廖文和, 刘长毅, 等. 知识的记忆–遗忘模型及其在知识管理中的应用 [J]. 南京航空航天大学学报, 2008, 40(2):265–270.

[31] 王延江, 齐玉娟. 基于记忆机制的视觉信息处理认知建模 [J]. 模式识别与人工智能, 2013, 26(2):144–150.

[32] Wang Y. The OAR Model for Knowledge Representation[C]// Electrical and Computer Engineering, 2006. CCECE '06. Canadian Conference on. 2006:1727–1730.

[33] 赫尔曼·艾宾浩斯. 记忆 [M]. 北京: 北京大学出版社, 2014.

[34] 贾世伟. 人脑对反馈刺激加工的认知神经研究 [D]. 重庆: 西南大学, 2008.

第 12 章　属性拓扑的记忆激活机制

从人脑的记忆强度角度进行分析, 遗忘机制是对记忆强度减弱过程的研究 [1−3], 记忆再刺激过程则是对人脑记忆增强过程的研究 [4,5]. 人脑的记忆再刺激过程的基础即为记忆激活机制. 因此, 本章利用属性拓扑对记忆激活机制进行研究.

在认知过程中, 人脑对事物的学习过程大体可分为认知和识别两个阶段 [6]. 其中, 认知负责对初次接触的事物进行概念构建, 识别则负责对现在接触的事物与原有认知网络进行对比从而对该事物进行判别. 类比人脑的学习过程, 属性拓扑的认知模型也可以从这两个层次进行分析. 由于概念认知与关联认知已在以前章节有所阐述. 因此, 本章将从识别的角度提出基于属性拓扑的认知原理并给出属性拓扑的激活方法. 在设定的形式背景中, 通过属性拓扑构造背景形成的认知网络, 对于新出现的对象, 模仿人脑的认知方式, 从已有的认知中对新出现的对象进行识别. 在已有的属性拓扑构造出的认知网络中激活由新对象所对应的设定形式背景下的属性集及其关联构成的子网络结构, 并对其进行计算和分析, 从而对新加入的对象进行识别, 并对原有形式背景知识完备度进行衡量和更新.

12.1　属性拓扑激活

从认知角度看, 若将形式背景理解为某人某时的知识集合, 属性拓扑 AT= $(V,$ Edge)[7] 则表示该知识的关联关系网络. 其中, 属性拓扑中的顶点 V 为当前已经认知的抽象属性, Edge 为抽象属性间的实体对象集合. 在该表示基础上, 定义以下概念.

定义 12-1 (激活集)　在设定的属性拓扑 AT= (V, Edge) 下, 新出现对象 g 的属性集合 V_{0g} 与设定属性拓扑的属性结点集合 V 的交集 $V_{Ag} = V \bigcap V_{0g}$ 称为新出现对象 g 的激活顶点集, 简称激活集. 在不考虑具体对象的情况下, 激活集可表示为 V_A.

若设定形式背景如表 12-1 所示.

考虑在当前知识网络下遇到未知事物 5, 且 $V_{05} = \{a, b, d, f, g, h\}$. 则根据定义 12-1 可知

$$V_{A5} = V \bigcap V_{05} = (a, b, c, d, e) \bigcap \{a, b, d, f, g, h\} = \{a, b, d\} \subset \{a, b, c, d, e\} = V$$

定义 12-2 (激活边集) 设函数 Edge(V) 表示在属性拓扑 AT = (V, Edge) 中顶点集合 V 所对应的边的集合, 则在该拓扑中对象 g 的激活顶点集 V_{Ag} 所对应的边的集合 $E_g(V_A)$ 称为激活边集, $E_g(V_A)$ 可简写为 E_{gA}. 在不考虑具体对象的情况下, 激活边集可表示为 E_A.

表 12-1 设定形式背景

	a	b	c	d	e
1	×				×
2	×	×		×	×
3		×	×		×
4	×	×		×	

若认为图 12-1 为当前形式背景所构成的知识网络.

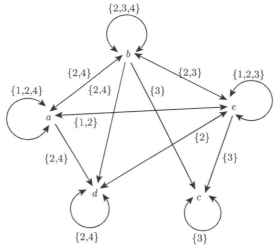

图 12-1 表 12-1 形式背景的属性拓扑图

由于认知分析的需求, 本章内的所有属性拓扑均带有自环.

在图 12-1 所示知识背景下若遇到未知事物 5, 且 $V_{05} = \{a, b, d, f, g, h\}$, $V_{A5} = V \bigcap V_{05} = (a, b, c, d, e) \bigcap \{a, b, d, f, g, h\} = \{a, b, d\}$, 则激活顶点集 $\{a, b, d\}$ 对应的边 ab, bd, ad 则为对象 5 的激活边集, 如图 12-2 所示.

由定义 12-1 和定义 12-2 可知, 由激活顶点集 V_A 和激活边集 E_A 所构成的二元组 $\text{AT}_A = (V_A, E_A)$ 必为原始属性拓扑 AT = (V, Edge) 的子拓扑, 称为激活子拓扑.

定义 12-3 属性拓扑激活: 在原始属性拓扑中计算激活子拓扑 $\text{AT}_A = (V_A, E_A)$ 的过程称为属性激活.

定义 12-4 新增集: 在设定的属性拓扑 AT=(V, Edge) 下, 新出现对象 g 的属性集合 V_{0g} 与其激活集 V_{Ag} 的差集 $V_{\text{new}g} = V_{0g} - V_{Ag}$ 称为新出现对象 g 的新增集, 简称新增集. 在不考虑具体对象的情况下, 新增集可表示为 V_{new}.

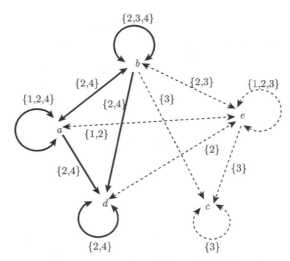

图 12-2　对象 5 的激活子拓扑图

对如图 12-1 所示的属性拓扑添加新对象 5, 且 $V_{05} = \{a, b, d, f, g, h\}$. 又根据计算得到 $V_{A5} = \{a, b, d\}$, 可知 $V_{\text{new}5} = V_{05} - V_{A5} = \{a, b, d, f, g, h\} - \{a, b, d\} = \{f, g, h\}$. 并且该集合可用于后期形式背景扩展性分析.

性质 12-1 $V_{\text{new}g} = V_{0g} - V$.

证明 因为 $V = V \bigcup V_{0g}$, 所以 $V_{\text{new}g} = V_{0g} - V \bigcup V_{0g} = V_{0g} - V$. □

性质 12-1 可不必计算新出现对象 g 的激活集 V_{Ag}, 直接通过新出现对象 g 的属性集 V_{0g} 与原有形式背景的属性集 V 对新出现对象 g 的新增集 $V_{\text{new}g}$ 进行计算, 因此该性质可提供新出现对象 g 的新增集 $V_{\text{new}g}$ 的快速运算. □

性质 12-2 当新出现对象 g 的激活集 V_{Ag} 为空, 即 $V_{Ag} = \varnothing$ 时, 新出现对象 g 的属性集 V_{0g} 即为新增集 $V_{\text{new}g}$, 即 $V_{\text{new}g} = V_{0g}$.

该性质易由新增集定义证明.

此外, 根据新增集与激活集的定义可得如下定理.

定理 12-1 新出现对象 g 的新增集 $V_{\text{new}g}$ 是否为空与其激活集 V_{Ag} 是否为空相互独立.

由定理 12-1 可得如下推论.

推论 新出现对象 g 的新增集 $V_{\text{new}g}$ 是否为空与其激活集 V_{Ag} 是否能构成完全图相互独立.

12.2 属性拓扑激活的认知分析

为描述方便, 本节中均以表 12-2 所示形式背景作为设定的形式背景进行分析, 其对应的属性拓扑如图 12-3 所示.

表 12-2 形式背景 1

	a	b	c	d
1	×			
2	×	×	×	
3		×		
4			×	×

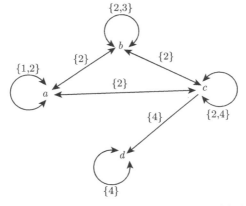

图 12-3 表 12-2 所示形式背景对应的属性拓扑

12.2.1 激活集的认知分析

激活集 V_A 是对属性拓扑激活进行认知分析的关键.

当 $V_{Ag} = \varnothing$ 时, 由性质 12-2 可知新对象 g 的属性集合 V_{0g} 即为新增集 V_{newg}, 即 $V_{newg} = V_{0g}$. 这说明当前的知识与新对象 g 毫无关联, 以当前的知识背景, 完全无法认知该对象 g.

当 $V_{Ag} \neq \varnothing$ 时, 则以 V_{Ag} 为顶点可构造出 AT 的激活子拓扑图 $AT_{Ag} = (V_{Ag}, E_{gA})$. 随后, 可对子拓扑图进行计算和分析从而认知该对象.

此外, 从迁移学习的角度对 $V_{Ag} \neq \varnothing$ 进行分析可知, $V \bigcap V_{0g} \neq \varnothing$ 则意味着需要学习的新知识即新出现的对象 g 与原有知识网络即 AT $= (V, \text{Edge})$ 存在交集, 因此, 相对于 $V \bigcap V_{0g} = \varnothing$ 的情况, $V \bigcap V_{0g} \neq \varnothing$ 将更容易进行知识的迁移学习.

设将对象 5,6 加入表 12-2 后新的形式背景如表 12-3 所示.

表 12-3　加入新对象 5,6 后的形式背景 1

	a	b	c	d	e	f
1	×					
2	×	×	×			
3		×				
4			×	×		
5	×	×				
6					×	×

考虑设定形式背景下遇到未知对象 5 和 6, 且 $V_{05} = \{a, b\}$, $V_{06} = \{e, f\}$. 因此, 对象 5 的激活集为 $V_{A5} = V \bigcap V_{05} = \{a, b, c, d\} \bigcap \{a, b\} = \{a, b\} \neq \varnothing$; 对象 6 的激活集为 $V_{A6} = V \bigcap V_{06} = \{a, b, c, d\} \bigcap \{e, f\} = \varnothing$. 根据上述分析可知, 对象 5 的激活集不为空, 可在原有属性拓扑中进行激活, 激活子拓扑图如图 12-4 所示. 而对象 6 的激活集为空, 在当前属性拓扑下无法认知该对象.

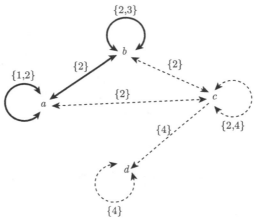

图 12-4　表 12-3 中对象 5 的激活子拓扑图

由于当 $V_{Ag} = \varnothing$ 时, 当前属性拓扑无法认知该对象 g, 说明新对象与原有形式背景无法匹配, 不在本章讨论范围内, 因此在本章及随后章节的分析中均假定 $V_{Ag} \neq \varnothing$.

12.2.2　新增集的认知分析

对于新增集是否为空这一问题, 从人脑认知的角度可理解为新对象具有的属性是否已经存在于当前人脑的认知中或出现的是否为一个全新的事物. 新增集的认知分析流程图如图 12-5 所示.

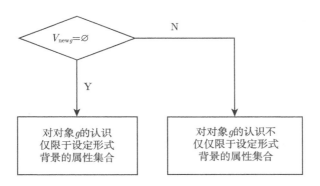

图 12-5 新增集的认知分析流程图

当新增集为空, 即 $V_{newg} = \varnothing$ 时, 表明当前对该对象的认识仅限于设定形式背景的属性集合, 因而新加入的对象 g 在设定的形式背景下即可以进行较为准确的分析和识别.

当新增集不为空, 即 $V_{newg} \neq \varnothing$ 时, 表明当前对该对象的认识不仅仅限于设定形式背景的属性集合, 因而对新加入的对象 g 在设定的形式背景下只能进行初步地分析和识别, 如果要加深对该对象的认知则需要进一步的知识学习, 即需要将原有的形式背景中的属性集合增多至包含该对象所有的属性.

设将对象 7,8 加入表 12-3 所示形式背景后新的形式背景如表 12-4 所示.

表 12-4 加入新对象 7,8 后的形式背景 1

	a	b	c	d	e
1	×				
2	×	×	×		
3		×			
4			×	×	
7	×	×	×		
8	×		×		×

考虑当前形式背景下遇到未知对象 7 和对象 8, 且 $V_{07} = \{a,b,c\}$ 和 $V_{08} = \{a,c,e\}$. 因此, 对象 7 的新增集为 $V_{new7} = V_{07} - V \bigcap V_{07} = \{a,b,c\} - \{a,b,c,d\} \bigcap \{a,b,c\} = \varnothing$; 对象 8 的新增集为 $V_{new8} = V_{08} - V \bigcap V_{08} = \{a,c,e\} - \{a,b,c,d\} \bigcap \{a,c,e\} = \{e\}$. 根据上述分析可知, 对象 7 的新增集为空, 能在属性拓扑下对其进行较为准确的分析; 而对象 8 的新增集不为空, 在当前的属性拓扑下只能对其进行初步的认知, 并不能完全认知和识别该对象.

由于新增集的认知意义易于理解, 且由定理 12-1 的推论可知新增集与激活集是否能构成完全图相互独立, 所以在本书的后续章节中不再赘述.

12.2.3　激活子网络结构的认知分析

对于激活子拓扑结构的认知分析首先要对其所激活的子拓扑结构能否构成完全图进行判断.

1. 激活子拓扑能够构成完全图

当激活的子拓扑结构能够构成完全图, 即 $\forall v_i, v_j \in V_{Ag}, (\#E_{Ag}(v_i, v_j)) \| (\#E_{Ag}(v_j, v_i)) > 0$ 时, 从人脑认知角度, 能构成完全图表明其具备了构成概念的必要条件 [2], 因此有可能对该对象进行完全认知或识别. 若在当前形式背景下出现对象 7, 其激活子拓扑如图 12-6 所示.

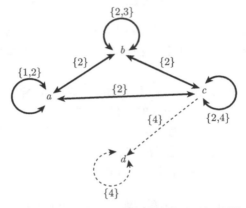

图 12-6　表 12-4 中对象 7 的激活子拓扑图

根据图 12-6, 可直观地看出对象 7 的激活子拓扑图能够构成完全图, 所以对象 7 具备了构成概念的必要条件.

当激活的子拓扑结构能够构成完全图时, 若要确定其是否为已经存在的某一对象, 需要经过进一步的计算和分析. 即将所构成的完全图的每对属性之间的边所对应的对象集合求交集 $\bigcap_{i \neq j} E_{Ag}(v_i, v_j), \forall v_i, v_j \in V_{Ag}$, 根据交集中对象的个数 $\#(\bigcap_{i \neq j} E_{Ag}(v_i, v_j)), \forall v_i, v_j \in V_{Ag}$ 可以分为三种情况.

(1) $\#(\bigcap_{i \neq j} E_{Ag}(v_i, v_j)) = 0, \forall v_i, v_j \in V_{Ag}$

$\#(\bigcap_{i \neq j} E_{Ag}(v_i, v_j)) = 0, \forall v_i, v_j \in V_{Ag}$, 即当所有属性对所对应的对象集合的交集为空时, 说明当前新出现的对象 g 所对应的属性集合虽然能构成完全图, 但并无法对该对象进行直接分析. 需要将其作为不能构成完全图进行进一步的处理和分析.

(2) $\#(\bigcap_{i \neq j} E_{Ag}(v_i, v_j)) = 1, \forall v_i, v_j \in V_{Ag}$

$\#(\bigcap_{i \neq j} E_{Ag}(v_i, v_j)) = 1, \forall v_i, v_j \in V_{Ag}$, 即当所有属性对所对应的对象集合的交集中只含有一个对象时, 在设定的形式背景下, 从识别的角度, 认为新加入的对象为已存在的对象, 并判定该对象即为交集 $\bigcap_{i\neq j} E_{Ag}(v_i,v_j), \forall v_i,v_j \in V_{Ag}$ 中的对象.

(3) $\#(\bigcap_{i\neq j} E_{Ag}(v_i,v_j)) > 1, \forall v_i,v_j \in V_{Ag}$

$\#(\bigcap_{i\neq j} E_{Ag}(v_i,v_j)) > 1, \forall v_i,v_j \in V_{Ag}$, 即当所有属性对所对应的对象集合的交集中含有多个对象时, 在设定的形式背景下, 认为新加入的对象具有该交集 $\bigcap_{i\neq j} E_{Ag}(v_i,v_j), \forall v_i,v_j \in V_{Ag}$ 中的所有对象的部分属性. 从知识学习的角度, 认为交集中有多个对象意味着对交集中的对象认识不充分或对新对象的属性认识不足, 导致无法准确地识别这一对象, 需要进一步的学习.

2. 激活子拓扑不能构成完全图

对于新加入的对象所对应的设定的形式背景下的激活子拓扑不可以构成完全图时, 即 $\exists v_i,v_j \in V_{Ag}, \#E_{Ag}(v_i,v_j) = 0$, 从认知的角度, 认为加入的新对象对于设定的形式背景是新的知识, 即在设定的形式背景下, 不能够识别该对象, 需要更多的知识来对其进行分析. 如在当前形式背景下出现对象 8, 其激活子拓扑图如图 12-7 所示.

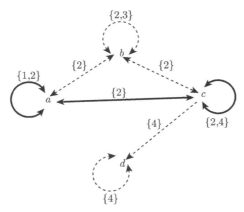

图 12-7　表 12-4 中对象 8 的激活子拓扑图

根据图 12-7, 可直观地看出对象 8 所激活的子拓扑结构不能构成完全图, 因而在当前形式背景下无法识别对象 8.

然而在设定的形式背景下, 对无法构成完全图的对象并不是完全无法认知的. 从人脑认知的角度, 如果当某人遇到从未见过的事物时, 可能一时无法理解该事物的全部, 但是他可以根据其自身已有的知识对该事物的属性与已有知识中的属性进行比较分析, 从而了解到该事物具有哪些已知事物的部分属性, 初步认知该事物. 因此, 在属性拓扑中, 根据新加入的对象所对应的属性, 也可以就设定的形式背景对其进行初步的认识.

从属性拓扑的角度对新对象进行认知的方法为对其激活子拓扑图求最大完全子图. 考虑到最大完全子图可能不唯一, 所以下面要先对其最大完全子图的个数进行判断.

(1) 激活子拓扑图的最大完全子图个数为 1.

当激活子拓扑图 $AT_A = (V_A, E_A)$ 的最大完全子图的个数为 1 时, 将其最大完全子图记为 $AT_1 = (V_1, E_1)$. 此时, 只需对该最大完全子图 $AT_1 = (V_1, E_1)$ 的任意属性对之间对应的对象集合求交集 $\bigcap_{i \neq j} E_1(v_i, v_j), \forall v_i, v_j \in V_1$, 即可认为新对象具有该交集 $\bigcap_{i \neq j} E_1(v_i, v_j), \forall v_i, v_j \in V_1$ 中所有对象的部分属性.

(2) 激活子拓扑图的最大完全子图个数不为 1.

当激活子拓扑图 $AT_A = (V_A, E_A)$ 的最大完全子图的个数不为 1 时, 设其最大完全子图的个数为 n, 并将其最大完全子图分别记为 $AT_k = (V_k, E_k), k = 1, 2, \cdots, n$; 然后, 需要对其所有最大完全子图 $AT_k = (V_k, E_k), k = 1, 2, \cdots, n$ 分别求其任意属性对之间对应的对象集合的交集, 表示为 $Y_k = \bigcap_{i \neq j} E(v_i, v_j), \forall v_i, v_j \in V_k, k = 1, 2, \cdots, n$; 最后, 对所有对象集合的交集求并集, 表示为 $W = Y_1 \bigcup Y_2 \bigcup \cdots \bigcup Y_n$. 根据以上分析, 可以认为该对象具有并集集合 W 中所有对象的部分属性.

12.2.4　属性拓扑的激活算法及其认知分析

根据以上章节的分析, 将属性拓扑激活算法的流程图总结如图 12-8 所示.

下面简述属性拓扑的激活算法及其认知分析步骤:

算法

算法名: 属性拓扑的激活及其认知算法.

功能: 对属性拓扑的激活及认知分析步骤进行归纳和总结.

Step 1　计算激活集 V_A 并判断 $V_A = V \bigcap V_0 = \varnothing$ 是否成立. 当 $V_A = V \bigcap V_0 = \varnothing$ 时, 则设定的形式背景与其对应的属性拓扑图无法对新对象进行分析, 表明该事物在当前认知下是新事物; 当 $V_A = V \bigcap V_0 \neq \varnothing$ 时, 可以根据设定的形式背景对该对象进行分析, 表明该事物在当前认知下存在已经认知的属性, 可以进行进一步识别.

Step 2　激活激活子拓扑图.

Step 3　判断激活的子拓扑结构是否构成完全图, 即是否 $\exists v_i, v_j \in V_A, \#E_A(v_i, v_j) = 0$. 对能构成完全图的情况进行 Step 4, 不能构成完全图的情况进行 Step 7.

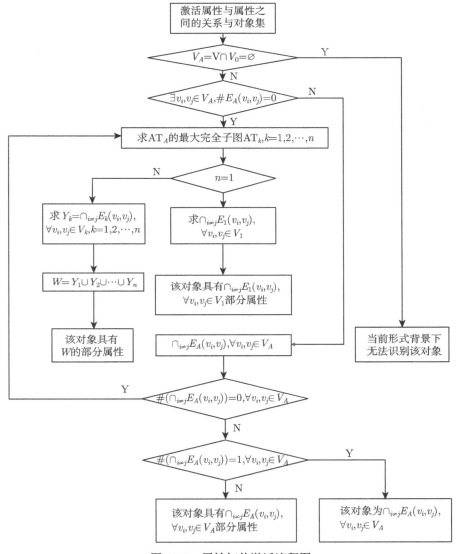

图 12-8 属性拓扑激活流程图

Step 4 求 $\bigcap_{i\neq j} E_A(v_i, v_j), \forall v_i, v_j \in V_A$.

Step 5 判断 $\#(\bigcap_{i\neq j} E_A(v_i, v_j)) = 0, \forall v_i, v_j \in V_A$ 是否成立. 若成立, 则无法对该对象进行直接分析, 需将其视为不能构成完图进行处理, 即执行 Step 7; 若不成立则执行 Step 6.

Step 6 判断 $\#(\bigcap_{i\neq j} E_A(v_i, v_j)) = 1, \forall v_i, v_j \in V_A$ 是否成立. 若不成立, 则表明在当前形式背景下, 无法确定该对象为交集中的哪一对象, 需要进一步的信息来进行分析与识别; 若成立, 则可认为当前形式背景下, 该对象即为交集中的对象. 至此, 算法结束.

Step 7　求 AT_A 的最大完全子图 $\mathrm{AT}_k, k = 1, 2, \cdots, n$.

Step 8　确定 n 个数.

Step 9　计算激活的属性之间对象集合的交集. 对于最大完全子图个数为 1 的情况求 $\bigcap_{i \neq j} E_1(v_i, v_j), \forall v_i, v_j \in V_1$ 即可, 根据该交集结果可判定该对象具有交集中所有对象的部分属性; 而对于最大完全子图个数不为 1 的情况, 需要分别求 $Y_k = \bigcap_{i \neq j} E_k(v_i, v_j), \forall v_i, v_j \in V_k, k = 1, 2, \cdots, n$, 然后再进行 Step 10 进行进一步计算分析.

Step 10　求 $W = Y_1 \bigcup Y_2 \bigcup \cdots \bigcup Y_n$, 并判定该对象具有并集中所有对象的部分属性.

12.3　实　　验

为了进一步说明该激活算法, 引入具体实验来加以说明. 以上文中表 12-1 所示形式背景及图 12-1 所示属性拓扑图为例. 对表 12-1 所示形式背景加入新对象 5, 6, 7, 8, 9 得到如表 12-5 所示形式背景.

表 12-5　加入新对象 5, 6, 7, 8, 9 后的形式背景 2

	a	b	c	d	e	f	g	h
1	×				×			
2	×	×		×				
3		×	×		×			
4	×	×		×				
5	×	×		×		×		
6	×	×			×		×	×
7			×	×	×			
8						×		×
9	×	×	×	×		×		

下面简述对于添加对象后属性拓扑的激活及其认知分析步骤.

Step 1　计算出新加入对象的激活集并判断是否为空. 如例中对象 5 的激活集为 $V_{A5} = V \bigcap V_{05} = \{a, b, c, d, e\} \bigcap \{a, b, d, f\} = \{a, b, d\} \neq \varnothing$, 对象 6 的激活集为 $V_{A6} = V \bigcap V_{06} = \{a, b, c, d, e\} \bigcap \{a, b, e, g, h\} = \{a, b, e\} \neq \varnothing$, 对象 7 的激活集为 $V_{A7} = V \bigcap V_{07} = \{a, b, c, d, e\} \bigcap \{c, d, e\} = \{c, d, e\} \neq \varnothing$, 对象 8 的激活集为 $V_{A8} = V \bigcap V_{08} = \{a, b, c, d, e\} \bigcap \{f, h\} = \varnothing$, 对象 9 的激活集为 $V_{A9} = V \bigcap V_{09} = \{a, b, c, d, e\} \bigcap \{a, b, c, d, g\} = \{a, b, c, d\} \neq \varnothing$. 因此, 对于对象 8, 设定的形式背景与

其对应的属性拓扑图无法对其进行分析, 因此后续步骤不再考虑对象 8; 而对于对象 5, 6, 7, 9, 它们的激活集均不为空, 后续步骤将对其进行分析.

Step 2　激活激活子拓扑图. 如实验中对象 5, 6, 7, 9 的激活子拓扑图如图 12-9 至图 12-12 所示.

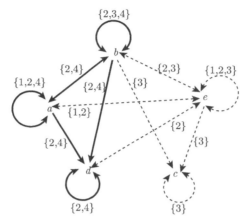

图 12-9　表 12-5 中对象 5 的激活子拓扑图

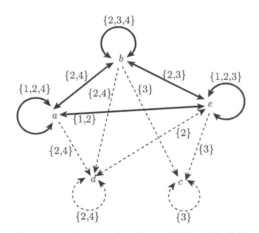

图 12-10　表 12-5 中对象 6 的激活子拓扑图

Step 3　对是否 $\exists v_i, v_j \in V_A, \#E_A(v_i, v_j) = 0$ 进行判断. 如上例中对象 5, 6 对应的激活子拓扑图如图 12-9、图 12-10 所示均能构成完全图, 即 $\forall v_i, v_j \in V_A, (\#E_A(v_i, v_j))\|(\#E_A(v_j, v_i)) > 0$, 而在对象 7, 9 对应的激活子拓扑图如图 12-11、图 12-12 所示, $\exists c, d \in V_A, \#E_A(c, d) = 0$, 所以无法构成完全图. 因此对对象 5, 6 进行 Step 4, 对对象 7, 9 进行 Step 7.

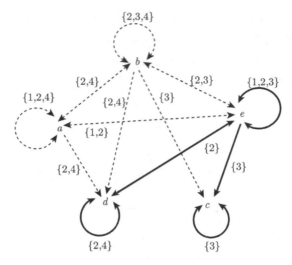

图 12-11　表 12-5 中对象 7 的激活子拓扑图

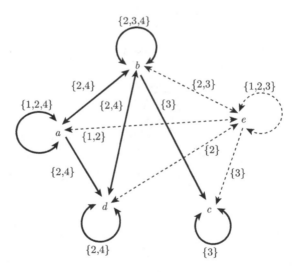

图 12-12　表 12-5 中对象 9 的激活子拓扑图

Step 4　对于能够构成完全图的激活属性之间的对象集合求交集. 如对象 5 对应的图 12-9 中被激活的属性之间的对象集合的交集为 $E_A(a,b)\bigcap E_A(a,d)\bigcap E_A(b,d)$ $=\{2,4\}\bigcap\{2,4\}\bigcap\{2,4\}=\{2,4\}$, 对象 6 对应的图 12-10 中被激活的属性之间的对象集合的交集为 $E_A(a,b)\bigcap E_A(a,e)\bigcap E_A(b,e)=\{2,4\}\bigcap\{1,2\}\bigcap\{2,3\}=\{2\}$.

Step 5　判断交集中对象个数是否为 0. 对象 5 对应的对象个数为 $\#\{2,4\}=$ $2\neq 0$, 对象 6 对应的对象个数为 $\#\{2\}=1\neq 0$. 因此对于对象 5, 6 均执行 Step 6.

Step 6 判断交集中对象个数是否为 1. 如根据图 12-9 求得对象 5 的交集 $\{2, 4\}$, 可求得 $\#\{2, 4\} = 2 > 1$, 说明交集中有多于 1 个元素, 因此, 对于表 12-5 中所添加的对象 5, 在原形式背景下, 无法界定该对象为哪一对象, 只能根据求交集的结果, 判断该对象具有对象 2、4 这两个对象的部分属性; 又根据图 12-10 求得对象 6 的交集 $\{2\}$, 可求得 $\#\{2\} = 1$, 说明交集中有 1 个元素, 因此, 对于表 12-5 中的对象 6, 在设定形式背景下, 可认为对象 5 即为对象 2.

Step 7 对于激活子拓扑结构不能够构成完全图的对象求其最大完全子图. 如对象 7 对应的图 12-11 中的最大完全子图分别为属性 c, d 和属性 d, e 构成的属性拓扑图, 对象 9 对应的图 12-12 中的最大完全子图为属性 a, b, d 构成的属性拓扑图.

Step 8 经计算, 对象 7 对应的最大完全子图个数为 2. 而对象 9 对应的最大完全子图个数为 1.

Step 9 对对象 7 对应的 2 个最大完全子图分别求交集得到对象集合为 $\{2\}$, $\{3\}$; 而对对象 9 对应的 1 个最大完全子图求交集得到的对象集合为 $\{2, 4\}$, 说明对象 9 具有对象 $2, 4$ 的部分属性.

Step 10 对对象 7 的 2 个最大完全子图所求得的交集求并集为 $\{2\} \bigcup \{3\} = \{2, 3\}$, 因而对象 7 具有对象 $2, 3$ 的部分属性.

12.4 本 章 小 结

本章提出了属性拓扑的激活方法, 从认知与识别的角度说明其认知意义, 并给出实验加以验证和说明. 实验结果表明该方法适用于激活集不为空下的各种情况. 这符合人类的认知方式, 根据分析结果可以就当前形式背景的完备度进行分析, 并根据完备程度进行形式背景扩充必要条件判断.

作为设定的形式背景下进行认知识别对象的一种方法, 可以看出属性拓扑的激活方法简单、易于理解、可操作性强. 并且, 属性拓扑激活的步骤可视化强, 便于观察和分析. 此外, 该方法的提出对记忆模型中记忆增强的实现进行了初步探索和研究, 为日后的属性拓扑的动态分析提供了方法和思路, 也为未来属性拓扑在认知计算中的动态概念的形成打下了基础.

参 考 文 献

[1] Michael W A. What postmodernists forget: Cultural capital and official knowledge[J]. Curriculum Studies, 2012, 1:15.

[2] Dragan G, Shane D, George S. Let's not forget: Learning analytics are about learning[J]. Techtrends, 2015, 59(1): 64–71.

[3] Celia B H, Paul G K, John S, et al. We remember, we forget: collaborative remembering in older couples.[J]. Discourse Processes A Multidisciplinary Journal, 2011, 48(4):267–303.

[4] 左西年, 张喆, 贺永, 等. 人脑功能连接组: 方法学、发展轨线和行为关联 [J]. 中国科学, 2012, 57(35):3399-3413.

[5] 张格伟, 廖文和, 刘长毅, 等. 知识的记忆-遗忘模型及其在知识管理中的应用 [J]. 南京航空航天大学学报, 2008, 40(2):265–270.

[6] 徐盛桓. 常规关系与认知化——再论常规关系 [J]. 上海外国语大学学报, 2002, (1): 6–16.

[7] 张涛, 任宏雷. 形式背景的属性拓扑表示 [J]. 小型微型计算机系统, 2014, 35(3): 590–593.

第13章 属性拓扑的记忆遗忘机制

根据第 11 章对人脑记忆特性与属性拓扑的对比分析表明, 属性拓扑与人脑记忆粒化模型有许多相似之处, 表明了属性拓扑具有天然的认知能力, 这为基于属性拓扑对人脑记忆特性的研究提供了便利.

因此, 本章将根据第 11 章总结出的属性拓扑的遗忘模型, 对基于属性拓扑的人脑遗忘特性模拟进行进一步的挖掘与分析, 然后通过以属性拓扑为基础的三维图进行人脑遗忘特性的模拟实验, 从而验证基于属性拓扑模拟人脑遗忘过程的可行性.

13.1 属性拓扑的遗忘模型

形式概念作为形式概念分析的基本分析单元是认知计算领域的重要研究内容 [1]. 而属性拓扑又是形式背景直接表示方法中较为直观、可以完成概念计算[2-4]且与人脑记忆粒化模型十分相似的一种表示方法. 因此, 将选取属性拓扑为基础, 对人脑的遗忘特性进行分析.

基于对人脑遗忘模型涉及的多个遗忘特性处理方法的考量, 属性拓扑的遗忘模型将依次分为属性拓扑的属性分类以及属性拓扑的遗忘两个阶段.

13.1.1 属性拓扑的属性分类阶段

根据人脑记忆特性的研究表明 [5], 当人脑首次接触事物并记忆事物时, 将会根据事物对自身感性刺激程度的大小对事物的不同信息粒子进行有意识或无意识的分类.

模仿人类的这种记忆机制, 属性拓扑也需要对属性结点进行分类, 这里称为属性拓扑的属性分类, 即根据属性拓扑中各个属性结点的重要程度进行等级设定.

由于不同人对于不同事物中哪一信息粒子的较为重要的判断具有很强的主观性, 而且目前尚无能够计算特定事物中不同信息粒子对人脑记忆刺激强弱的方法. 因此, 为了便于分析与实际操作, 在属性拓扑的属性分类阶段, 将属性结点按照人为设定的重要程度的高低分为 A, B 两个等级. 其中, A 级表示该属性结点较为重要, 将不会被遗忘, 即具有遗忘下限; B 级表示该属性结点较为次要, 将会随着时间渐渐淡忘. 即其可完全抛弃.

表 13-1 为一个简单的形式背景. 其属性拓扑图如图 13-1 所示.

表 13-1   一个形式背景

	a	b	c	d
1	×		×	
2	×	×		
3		×	×	
4			×	×

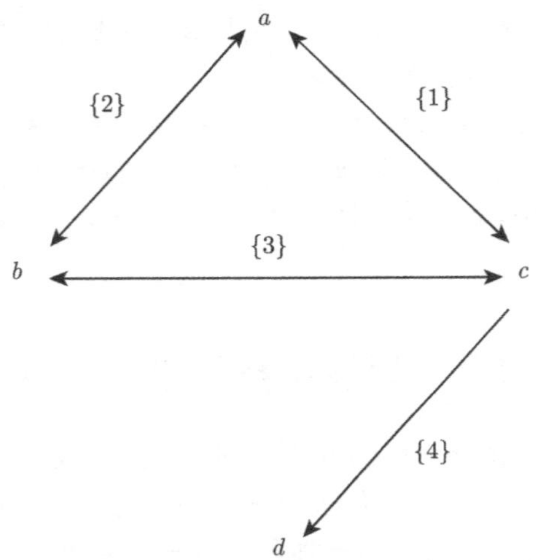

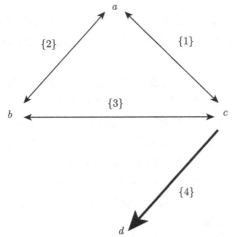

图 13-1   表 13-1 对应的属性拓扑图

设初始状态下属性 c 及属性 d 为 A 级属性, 其余属性为 B 级属性, 并根据该设定将 A 级属性及其相应的关联关系进行标注, 如图 13-2 所示. 这里对 A 级属性及两个 A 级属性之间的关联关系用加粗进行标注.

图 13-2   对 A 级属性进行标注后的属性拓扑图

13.1.2 属性拓扑的遗忘阶段

经过属性拓扑的属性分类阶段后, 将进入属性拓扑的遗忘阶段. 设经过属性分类后的属性拓扑图如图 13-2 所示.

设定模糊阈值为 α, 遗忘阈值为 β, 如图 13-3 所示. 为了便于理解, 再刺激的情况将在随后的章节进行讨论, 本节中将假定属性拓扑没有受到再刺激.

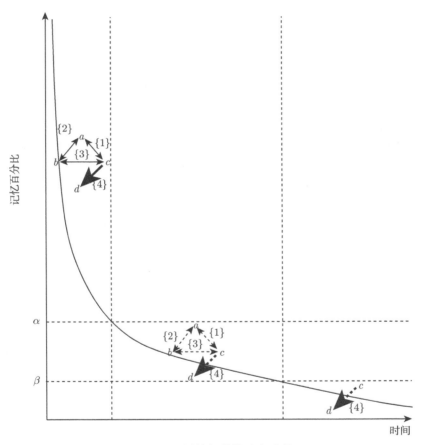

图 13-3　属性拓扑的遗忘阶段

根据模糊阈值 α, 当属性拓扑中人脑对某属性结点的记忆百分比 $p_U = h(q(t),$ levm, $s)$ 根据人脑遗忘曲线 [6]$p = q(t)$ 降低至模糊阈值 α 时, 即 $p_U = h(q(t), \text{levm}, s) = \alpha$ 时将对该属性结点及其与其他属性结点的关联关系进行模糊处理, 这个过程称为属性拓扑的模糊, 模糊后的属性结点及其与相关联的属性结点的关联关系在属性拓扑中用虚线表示, 如图 13-3 所示.

又根据遗忘阈值 β, 对于出现时对人脑刺激程度较小的属性即 B 级属性, 在不接受新的刺激的情况下, 根据人脑遗忘曲线 $p = q(t)$ 经过一定时间的模糊阶段后将降低至遗忘阈值 β 时, 即 $p_U = h(q(t), \text{levm}, s) = \beta$ 时, 人脑将对其进行遗忘. 在属性拓扑中, 将这种遗忘表现为对属性结点及与其相连的边的删除. 如图 13-3 所示的属性拓扑图, 除 A 级属性 (属性 c、属性 d) 外所有属性结点及其关联关系均将从原属性拓扑中移除.

13.2　遗忘过程中的再刺激

在对事物的遗忘阶段中, 人类可能会再次接收到正在遗忘阶段中的事物或与之相关事物的刺激. 这将对当前的记忆产生直接或者间接影响, 并使人类对该事物的记忆不同程度的加深. 为了更准确地分析不同事物对当前所记忆事物的记忆程度的影响, 根据接收到的事物的关联程度, 将其分为直接刺激和间接刺激.

相同地, 在属性拓扑的遗忘过程中, 属性结点也会接受到新的形式背景中属性的刺激. 类比人脑的记忆过程, 也可根据新形式背景中的属性与当前记忆中属性结点之间的关系不同导致对人脑的刺激程度不同, 将新的形式背景中不同属性对当前属性结点的刺激分为直接刺激和间接刺激.

表 13-2 为一个简单的形式背景. 其属性拓扑图如图 13-4 所示.

表 13-2　一个简单的形式背景

	a	b	c	d	e
1	×				×
2	×	×		×	×
3		×	×		×
4	×	×		×	

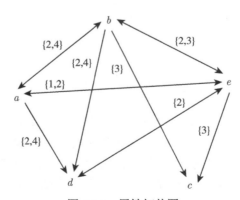

图 13-4　属性拓扑图

若设定属性 c 及属性 e 为 A 级属性, 其余属性为 B 级属性, 并根据该设定将 A 级属性及其相应的关联关系进行加粗标注, 如图 13-5 所示.

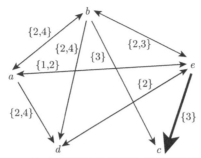

图 13-5 对 A 级属性进行标注后的属性拓扑图

设在原有形式背景如表 13-2 的情况下, 新接收到的形式背景如表 13-3 所示.

表 13-3 新接收到的形式背景

	c	d	e	j
1	×			×
2		×	×	
3		×		×

本节中, 随后章节对属性拓扑遗忘模型的分析将根据以上例子加以具体分析.

13.2.1 基本概念

根据如图 13-4 所示的原有的属性拓扑可知, 表 13-3 中的属性 j 属于新增集, 由于新增集中属性不存在于原属性拓扑中, 所以本章对其不进行研究.

定义 13-1 关联系数: 设属性拓扑 AT=$(V,\ \text{Edge})$ 中有一属性结点 v_j, 则该属性拓扑 AT=$(V,\ \text{Edge})$ 中任意属性结点 v_i 属性结点 v_j 的关联系数可以表示为

$$\theta_{v_i v_j} = \frac{\#\text{Edge}(v_i, v_j)}{\#(g(v_i) \bigcup g(v_j))}, v_i, v_j \in V.$$

由关联系数的定义可知, 关联系数越大表示属性结点 v_i、v_j 所对应的对象集的交集占二者对象集的并集的比例越大, 因而属性结点 v_i、v_j 之间的关联关系越紧密; 关联系数越小表示属性结点 v_i、v_j 所对应的对象集的交集占二者对象集的并集的比例越小, 因而属性结点 v_i、v_j 之间的关联关系越松散.

定义 13-2 关联系数矩阵: 对任意属性拓扑 AT=$(V,\ \text{Edge})$, 均有与其对应的关联系数矩阵, 称为属性拓扑的关联系数矩阵, 简称关联系数矩阵, 表示为

$$\theta = \begin{bmatrix} \theta_{v_1 v_1} & \theta_{v_1 v_2} & \theta_{v_1 v_3} & \cdots & \theta_{v_1 v_j} & \cdots & \theta_{v_1 v_n} \\ \theta_{v_2 v_1} & \theta_{v_2 v_2} & \theta_{v_2 v_3} & \cdots & \theta_{v_2 v_j} & \cdots & \theta_{v_2 v_n} \\ \theta_{v_3 v_1} & \theta_{v_3 v_2} & \theta_{v_3 v_3} & \cdots & \theta_{v_3 v_j} & \cdots & \theta_{v_3 v_n} \\ \vdots & \vdots & \vdots & & \vdots & & \vdots \\ \theta_{v_i v_1} & \theta_{v_i v_2} & \theta_{v_i v_3} & \cdots & \theta_{v_i v_j} & \cdots & \theta_{v_i v_n} \\ \vdots & \vdots & \vdots & & \vdots & & \vdots \\ \theta_{v_n v_1} & \theta_{v_n v_2} & \theta_{v_n v_3} & \cdots & \theta_{v_n v_j} & \cdots & \theta_{v_n v_n} \end{bmatrix}$$

其中 n 表示原有属性拓扑 AT=(V,Edge) 中属性结点的个数，$\theta_{v_i v_j} = \dfrac{\#\text{Edge}(v_i, v_j)}{\#(g(v_i) \bigcup g(v_j))}$，

$v_i, v_j \in V$.

根据属性拓扑的关联系数矩阵，可以直观地看出属性拓扑中任意属性之间的关联程度强弱.

定理 13-1 $0 \leqslant \theta_{v_i v_j} \leqslant 1$.

证明   由于 $\theta_{v_i v_j} = \dfrac{\#\text{Edge}(v_i, v_j)}{\#(g(v_i) \bigcup g(v_j))}, v_i, v_j \in V$，又 $\#\text{Edge}(v_i, v_j) = \#(g(v_i) \bigcap$

$g(v_j)), 0 \leqslant \#(g(v_i) \bigcap g(v_j)) \leqslant \#(g(v_i) \bigcup g(v_j)), 0 \leqslant \dfrac{\#(g(v_i) \bigcap g(v_j))}{\#(g(v_i) \bigcup g(v_j))} \leqslant 1$，所以有

$0 \leqslant \dfrac{\#(g(v_i) \bigcap g(v_j))}{\#(g(v_i) \bigcup g(v_j))} = \dfrac{\#\text{Edge}(v_i, v_j)}{\#(g(v_i) \bigcup g(v_j))} \leqslant 1, 0 \leqslant \theta_{v_i v_j} \leqslant 1$.   □

定义 13-3   总关联系数: 原属性拓扑 AT=(V, Edge) 中属性结点 v_j 与新形式背景下各个对象对应的激活集 V_A 中所有属性 $v_1, v_2, \cdots, v_n$ 与属性结点 v_j 的关联系数 $\theta_{v_1 v_j}, \theta_{v_2 v_j}, \cdots, \theta_{v_n v_j}$ 的总和称为总关联系数, 表示为 $\theta_{v_j} = \displaystyle\sum_{i=1}^{n} \theta_{v_i v_j}$, 其中 n 为新形式背景下所有对象对应激活集 V_A 中属性结点的个数.

由于原有属性拓扑 AT=(V, Edge) 中各个属性结点与特定属性结点 v_j 的关联程度不同, 导致新加入形式背景中若存在属性结点 v_j, 则对原属性拓扑 AT=(V, Edge) 中的各个属性结点的刺激程度不同.

定理 13-2   关联系数 $\theta_{v_i v_j}$ 与关联系数 $\theta_{v_j v_i}$ 二者大小相等, 即 $\theta_{v_i v_j} = \theta_{v_j v_i}$.

证明

$$\theta_{v_i v_j} = \frac{\#\text{Edge}(v_i, v_j)}{\#(g(v_i) \bigcup g(v_j))} = \frac{\#\text{Edge}(v_j, v_i)}{\#(g(v_j) \bigcup g(v_i))} = \theta_{v_j v_i}$$ □

13.2.2   属性结点的直接刺激

定义 13-4   在遗忘过程中, 对于属性结点 v_i, 当新加入的形式背景中某个对象对应属性结点 v_i 时, 称之对属性结点 v_i 的直接刺激, 简称为直接刺激, 表示为

$S_d : v_i \xrightarrow{n} v_i$, 其中 n 表示属性结点 v_i 受到的直接刺激的次数, 若不考虑次数的情况下可将直接刺激表示为 $S_d : v_i \to v_i$.

定理 13-3 属性结点 v_i 接受到直接刺激 $S_d : v_i \to v_i$ 时, 该属性结点 v_i 与原属性拓扑中该属性结点 v_i 的关联系数为 1, 即 $\theta_{v_i v_i} = 1$.

证明 由于 $\theta_{v_i v_i} = \dfrac{\#\mathrm{Edge}(v_i, v_i)}{\#(g(v_i) \bigcup g(v_i))} = \dfrac{\#(g(v_i) \bigcap g(v_i))}{\#(g(v_i) \bigcup g(v_i))}$, 又 $\#(g(v_i) \bigcap g(v_i)) = \#(g(v_i) \bigcup g(v_i))$, 所以 $\theta_{v_i v_i} = \dfrac{\#(g(v_i) \bigcap g(v_i))}{\#(g(v_i) \bigcup g(v_i))} = 1$. $\qquad\square$

根据表 13-3 可知, $S_d : c \xrightarrow{1} c$, $S_d : e \xrightarrow{1} e$, $S_d : d \xrightarrow{2} d$, 又有 $\theta_{cc} = \theta_{dd} = \theta_{ee} = 1$, 所以, 属性结点 d 受到的总的直接刺激关联系数为 $2 \times \theta_{dd} = 2$.

13.2.3 属性结点的间接刺激

定义 13-5 在遗忘过程中, 对于属性结点 v_i, 当新加入的形式背景中出现与当前结点相关联的属性结点 v_j 时, 称之为间接刺激属性结点 v_j 对属性结点 v_i 的间接刺激, 简称为间接刺激, 表示为 $S_i : v_j \xrightarrow{n} v_i$, 其中 n 表示属性结点 v_i 受到属性结点 v_j 间接刺激的次数, 若不考虑次数的情况下可将间接刺激表示为 $S_i : v_j \to v_i$.

根据间接刺激的定义以及关联系数矩阵的定义可知, 在遗忘过程中, 若需要某个属性结点的记忆百分比提升, 除了对该属性结点进行直接刺激外, 也可根据该属性拓扑的关联系数矩阵, 直观地选取与其关联系数较强的属性结点进行刺激. 因此, 属性拓扑的关联系数矩阵可用于知识学习过程中, 对于部分知识进行加强学习.

根据表 13-3 可知, $S_d : c \xrightarrow{1} c$, $S_d : e \xrightarrow{1} e$, $S_d : d \xrightarrow{2} d$. 由图 13-5 可知, 属性 c 与属性 b, e 相关联, 且关联系数分别为

$$\theta_{cb} = \frac{\#\mathrm{Edge}(c, b)}{\#(g(c) \bigcup g(b))} = \frac{\#\{3\}}{\#\{2, 3, 4\}} = \frac{1}{3} \approx 0.33,$$

$$\theta_{ce} = \frac{\#\mathrm{Edge}(c, e)}{\#(g(c) \bigcup g(e))} = \frac{\#\{3\}}{\#\{1, 2, 3\}} = \frac{1}{3} \approx 0.33$$

. 属性 e 与属性 a, b, c, d 相关联, 且关联系数为

$$\theta_{ea} = \frac{\#\mathrm{Edge}(e, a)}{\#(g(e) \bigcup g(a))} = \frac{\#\{1, 2\}}{\#\{1, 2, 3, 4\}} = \frac{1}{2} = 0.50$$

同理 $\theta_{eb} = 0.50$, $\theta_{ec} \approx 0.33$, $\theta_{ed} = 0.25$. 属性 d 与属性 a, b, e 相关联, 且关联系数为

$$\theta_{da} = \frac{\#\mathrm{Edge}(d, a)}{\#(g(d) \bigcup g(a))} = \frac{\#\{2, 4\}}{\#\{1, 2, 4\}} = \frac{2}{3} \approx 0.67$$

同理 $\theta_{db} \approx 0.67$, $\theta_{de} = 0.25$.

根据以上计算结果表明, 同一属性结点与不同属性结点的关联系数不同, 表明同一属性结点对不同属性结点的刺激程度不同, 如属性结点 d 与属性结点 a, b 的关联系数较大, 表明对属性结点 d 进行直接刺激的时候, 属性结点 a, b 受到的间接刺激程度较大; 属性结点 d 与属性结点 e 的关联系数较小, 表明对属性结点 d 进行直接刺激的时候, 属性结点 e 受到的间接刺激程度较小.

此外, 多次的间接刺激 $S_i : v_j \to v_i$ 造成的关联系数的叠加可高于单次的直接刺激 $S_d : v_i \to v_i$. 如 $\theta_{da} \approx 0.67$, 因此, $S_i : d \xrightarrow{2} a$, 叠加得到的关联系数将达到 1.34, 将超过 $S_d : a \xrightarrow{1} a$.

13.2.4　属性结点的再刺激分析

若当前属性拓扑受到如表 13-3 所示的形式背景的再刺激. 首先应计算该形式背景的激活集 V_A 与新增集 V_{new}, 其中, 激活集 $V_A = V \bigcap V_0 = \{a, b, c, d, e\} \bigcap \{c, d, e, j\} = \{c, d, e\}$, 新增集 $V_{\text{new}} = V_0 - V_A = \{c, d, e, j\} - \{c, d, e\} = \{j\}$.

由于新增集 V_{new} 中的属性结点并未在原属性拓扑 AT= (V, Edge) 中出现, 因而并未涉及原有属性的遗忘问题. 所以对其不做分析, 仅分析激活集 V_A 中的属性对当前属性结点的遗忘的影响.

因此, 根据 13.2.2 节及 13.2.3 节的计算和分析可知, 属性结点 a 的总关联系数为 $\theta_a = \theta_{ea} + 2 \times \theta_{da} = 0.50 + 2 \times 0.67 = 1.84$, 属性结点 b 的总关联系数为 $\theta_b = \theta_{cb} + \theta_{eb} + 2 \times \theta_{db} = 0.33 + 0.50 + 2 \times 0.67 = 2.17$, 属性结点 c 的总关联系数为 $\theta_c = \theta_{cc} + \theta_{ec} = 1 + 0.33 = 1.33$, 属性结点 d 的总关联系数为 $\theta_d = 2 \times \theta_{dd} + \theta_{ed} = 2 + 0.25 = 2.25$. 属性结点 e 的总关联系数为 $\theta_e = \theta_{ce} + 2 \times \theta_{de} + \theta_{ee} = 0.33 + 0.50 + 1 = 1.83$.

根据以上计算结果可知, 经过表 13-3 所示的形式背景对表 13-2 所示的形式背景对应的属性拓扑进行再刺激后, 属性结点 d 的总关联系数最大, 表明在如表 13-3 所示形式背景的刺激下, 属性结点 d 受到的刺激程度最大; 属性结点 c 的总关联系数最小, 表明在如表 13-3 所示形式背景的刺激下, 属性结点 c 受到的刺激程度最小.

13.3　属性拓扑的遗忘算法

根据本章 13.1 节与 13.2 节中对属性拓扑遗忘的分析, 将属性拓扑的遗忘算法总结如下:

算法

算法名: 属性拓扑的遗忘算法.

功能: 对属性拓扑的遗忘流程进行归纳和总结.

Step 1　对特定时刻存在的形式背景 $K_t = (G, M, I)$ 对应的属性拓扑中的属性结点集合 M 进行属性分类, 即 $M = M_A \bigcup M_B, M_A \bigcap M_B = \varnothing, M_A, M_B \in M$.

Step 2　选取遗忘曲线及模糊阈值 α、遗忘阈值 β 的设定.

Step 3　根据所选取的遗忘曲线, 随着时间的流逝对属性拓扑中的属性结点的记忆百分比 $p_U = h(q(t), \text{levm}, s)$ 相应降低. 此外, 在遗忘过程中, 属性结点可随时接受再刺激.

Step 4　继续遗忘. 在遗忘过程中, 若属性拓扑中任意一个属性结点的记忆百分比 $p_U = h(q(t), \text{lev m}, s)$ 低于模糊阈值 α, 则该属性结点将变为模糊结点. 变为模糊结点的属性结点仍可接受再刺激, 且接受再刺激后的属性结点将回到初始状态继续进行遗忘.

Step 5　继续遗忘. 在遗忘过程中, 若属性拓扑中任意两个属性结点的记忆百分比低于模糊阈值 α, 则这两个属性结点将变为模糊结点, 二者之间的关联关系 (若存在) 也将变模糊.

Step 6　继续遗忘. 在遗忘过程中, 若属性拓扑中所有属性结点的记忆百分比均低于模糊阈值 α, 则该属性拓扑将变为模糊属性拓扑.

Step 7　继续遗忘. 在遗忘过程中, 若属性拓扑中任意一个属性结点的记忆百分比低于遗忘阈值 β, 该属性结点若为 B 级属性结点 M_B 则该属性结点将被遗忘, 若该属性结点为 A 级属性结点 M_A 则该属性结点仍为模糊结点. B 级属性 M_B 被遗忘后将无法接受再刺激.

Step 8　继续遗忘至所有 A 级属性结点 M_A 的记忆百分比无限接近于 0%.

由于遗忘阶段中, 随时可对任意属性结点进行再刺激, 因而算法流程可变动性大, 但根据 13.2 节对再刺激的分析, 属性拓扑的遗忘模型可适用于属性拓扑遗忘过程的所有情况.

13.4　实　　验

根据以上分析, 证明了以属性拓扑为基础的模拟人脑记忆以及遗忘的过程具有可行性. 为了进一步对其进行验证, 下面将根据实例进行以属性拓扑为基础的遗忘模拟, 并通过 OpenGL 编程实现.

表 1-1 为形式背景 "生物和水". 由于属性 a 为全局属性, 因此可以进行背景净化. 净化后的背景如表 2-1 所示, 其属性拓扑图如图 2-3 所示. 其初始三维模拟图如图 13-6 所示.

如图 13-6 所示, 三维模拟图中 xyz 坐标均被等分为 10 个单位长度. 其中, z 轴每个单位长度表示 10% 的记忆百分比. 初始时设当前的 "生物和水" 拓扑图为人脑刚接触的事物, 因而在刚接触的瞬间能够完全记忆, 所以, 此时所有属性结点的记忆百分比均为 100%. 此外, 因遗忘过程中对再刺激的处理方法相同, 为了便于说明, 所以在本次实验中仅在初次记忆 1 小时时进行一次再刺激.

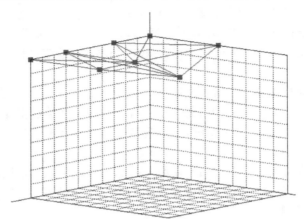

图 13-6　初始三维模拟图 (后附彩图)

下面根据属性拓扑的遗忘算法进行实验仿真.

Step 1　设属性 c、属性 i 为 A 级属性, 其余属性为 B 级属性. 其三维模拟图如图 13-7 所示. 其中, A 级属性结点及其之间关联关系用红色标注, 其余用蓝色标注.

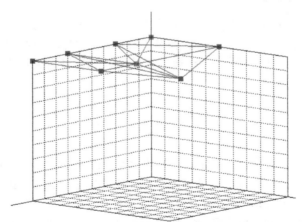

图 13-7　标注后的三维模拟图 (后附彩图)

Step 2　选取艾宾浩斯遗忘曲线, 并通过数学模型进行模拟, 即初次接触事物, 记忆其属性结点及其关联关系后经过了 x 小时, 对属性结点的记忆百分比 y 近似满足 $y = 1 - 0.56x^{0.06}$. 并设模糊阈值为 40.0%, 遗忘阈值为 5.0%. 如图 13-8 所示. 其中粉红色标注的线所对应的 z 轴刻度分别为 40.0% 及 5.0%, 即为实验所设的模糊阈值和遗忘阈值.

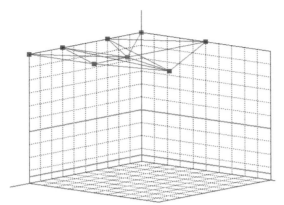

图 13-8　加入阈值的三维模拟图 (后附彩图)

Step 3　设初次记忆经过了 1 小时, 接受到如表 13-4 的形式背景的再刺激.

表 13-4　新的形式背景

	b	d	e	j
1	×			×
2		×	×	
3		×		×

设属性结点间关联系数的计算公式 $\theta_{v_i v_j} = \dfrac{\#\mathrm{Edge}(v_i, v_j)}{\#(g(v_i) \bigcup g(v_j))}, v_i, v_j \in V$, 因此, 根据计算可知, $\theta_{bb} = \theta_{ee} = \theta_{dd} = 1, \theta_{bc} = \dfrac{\#\mathrm{Edge}(b, c)}{\#(g(b) \bigcup g(c))} = \dfrac{\#\{3, 6\}}{\#\{1, 2, 3, 4, 5, 6, 7, 8\}} = \dfrac{2}{8} = 0.25,$ 同理 $\theta_{bd} \approx 0.29, \theta_{bf} \approx 0.33, \theta_{bg} = 0.50, \theta_{bh} \approx 0.33.$ $\theta_{ec} = 0.20, \theta_{ed} = 0.25. \theta_{db} \approx 0.29, \theta_{dc} = 0.50, \theta_{de} = 0.25, \theta_{df} = 0.75.$

所以, 属性 b, e, d, c, f, g, h 的总关联系数分别为 $\theta_b = \theta_{bb} + 2 \times \theta_{db} = 1 + 2 \times 0.29 = 1.58, \theta_e = \theta_{ee} + 2 \times \theta_{de} = 1 + 2 \times 0.25 = 1.50, \theta_d = 2 \times \theta_{dd} + \theta_{bd} + \theta_{ed} = 2 \times 1 + 0.29 + 0.25 = 2.54, \theta_c = \theta_{bc} + \theta_{ec} + \theta_{dc} = 0.25 + 0.20 + 0.50 = 0.95, \theta_f = \theta_{bf} + \theta_{df} = 0.33 + 0.75 = 1.08, \theta_g = \theta_{bg} = 0.50, \theta_h = \theta_{bh} = 0.33.$

根据遗忘曲线, 1 小时后记忆百分比应降为 44%. 由于属性 b, d, e, f 的总关联系数均大于 1, 属性 c 的总关联系数为 0.95, 与当前记忆百分比 0.44 求和后也将大于 1, 所以将属性 b, c, d, e, f 的记忆百分比均重新置为 1. 而属性 g 接受再刺激后的记忆百分比为 0.50+0.44=0.94, 属性 h 接受再刺激后的记忆百分比为 0.33+0.44=0.77. 通过以上分析和计算, 可得出接受再刺激后的三维模拟图如图 13-9 所示.

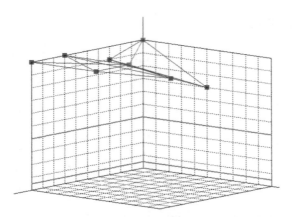

图 13-9   接受再刺激后的三维模拟图 (后附彩图)

Step 4   本实验中, 记忆百分比最低的属性结点为属性 h, 根据遗忘曲线可知, 属性 h 接受再刺激后的记忆百分比为 77.0%, 其对应的初次接触时间远不足 1 分钟, 而属性 h 的记忆百分比降为 40.0% 时, 其对应的初次接触时间约为 3.16 小时, 因此可知, 距接受再刺激 3.16 小时后, 属性 h 的记忆百分比降为 40.0%, 此后属性 h 将成为模糊结点. 而此时, 属性 b, c, d, e, f, i 的记忆百分比均为 41.4%, 属性 g 的记忆百分比为 40.3%.

Step 5   本实验中, 记忆百分比次低的属性结点为属性 g, 距再刺激 3.42 小时后, 属性 g 的记忆百分比降为 40.0%, 此后属性 g 将成为模糊结点, 其与记忆百分比最低的属性结点即属性 h 的关联关系也将变模糊. 而此时, 属性 h 的记忆百分比降为 39.7%, 属性 b, c, d, e, f, i 的记忆百分比降为 41.0%, 其三维模拟图如图 13-10 所示.

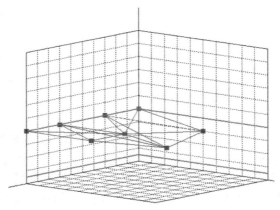

图 13-10   两个属性模糊的三维模拟图 (后附彩图)

Step 6   本实验中, 属性 b, c, d, e, f, i 的记忆百分比降至 40.0%, 此时, 距再刺激已过了 4.16 小时, 属性 g 的记忆百分比降至 39.2%, 属性 h 的记忆百分比降至 39.0%. 其三维模拟图如图 13-11 所示.

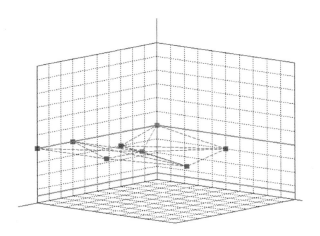

图 13-11   全部属性模糊的三维模拟图 (后附彩图)

Step 7   在本实验中, 属性 h 的记忆百分比降至 5.0%, 此时, 距再刺激已过了 6692.57 小时, 属性 b, c, d, e, f, i 的记忆百分比降至 5.0%, 属性 g 的记忆百分比也降至 5.0%, 因而 B 级属性结点将被遗忘, 仅留下 A 级属性结点及其关联关系, 其三维模拟图如图 13-12 所示.

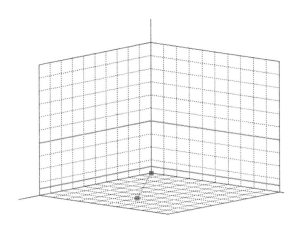

图 13-12 B 级属性遗忘后的三维模拟图 (后附彩图)

Step8   继续遗忘至所有 A 级属性结点的记忆百分比无限接近于 0%.

13.5   本 章 小 结

本章从记忆——遗忘模型出发, 以属性拓扑为基础对人脑的遗忘机制进行了计算和分析, 并通过三维仿真进行实验. 实验结果表明, 以属性拓扑为基础模拟人脑遗忘过程的方案具有可行性, 仿真过程基本符合人脑的遗忘过程. 且第 12 章所提出的遗忘模型可随着遗忘过程使用环境的不同, 选取不同的遗忘曲线, 并设定不同的模糊阈值和遗忘阈值, 因此以属性拓扑为基础对人脑遗忘特性进行模拟的方法具有较为广阔的适用范围.

作为认知计算领域为数不多的从人脑遗忘特性出发进行研究的方法之一. 属性拓扑进行遗忘过程模拟的方法具有适应性广、易于理解、可操作性强等优良特性, 并且属性拓扑与粒化记忆——遗忘模型良好的适配性也为未来更为复杂或适用于特殊情况的遗忘模型的提出和模拟打下了坚实的基础.

此外, 由于本章中并未在遗忘过程中对新增集中属性进行处理, 因此, 在后续工作中, 将研究新增集对遗忘的影响, 从而进一步完善属性拓扑的记忆遗忘机制.

参 考 文 献

[1] 王寿彪, 李新明, 裴忠民, 等. 基于大数据的装备体系认知计算系统分析 [J]. 指挥与控制学报, 2016, 2(1):54–59.

[2] 张涛, 任宏雷, 洪文学, 等. 基于属性拓扑的可视化形式概念计算 [J]. 电子学报, 2014, 42(5):925–932.

[3] 尹国定, 卫红. 云计算——实现概念计算的方法 [J]. 东南大学学报 (自然科学版), 2003, 33(4): 502–506.

[4] 吕跃进, 李金海. 概念格属性约简的启发式算法 [J]. 计算机工程与应用, 2009, 45(2):154–157.

[5] 贾世伟. 人脑对反馈刺激加工的认知神经研究 [D]. 重庆: 西南大学, 2008.

[6] 赫尔曼·艾宾浩斯. 记忆 [M]. 北京: 北京大学出版社, 2014.

彩　　图

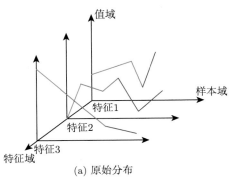

(a) 原始分布

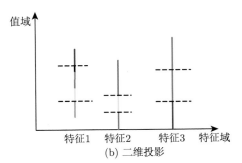

(b) 二维投影

图 2-5　离散化的映射表示

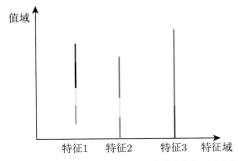

图 2-6　不同混叠数据的离散化划分示意图

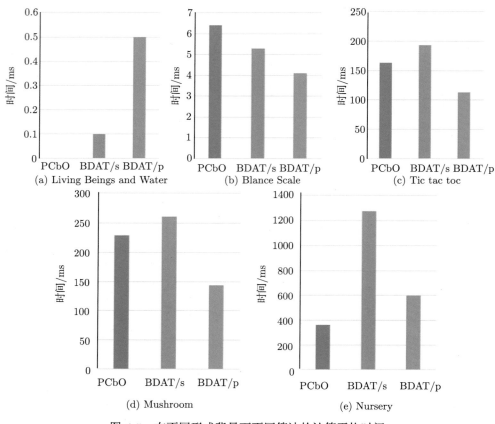

(a) Living Beings and Water (b) Blance Scale (c) Tic tac toc

(d) Mushroom

(e) Nursery

图 4-5 在不同形式背景下不同算法的计算平均时间

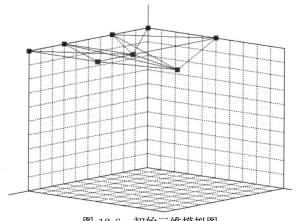

图 13-6 初始三维模拟图

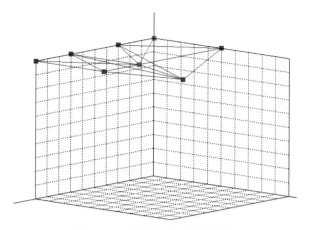

图 13-7　标注后的三维模拟图

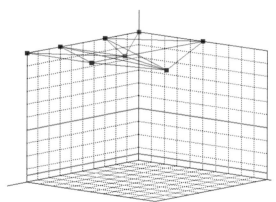

图 13-8　加入阈值的三维模拟图

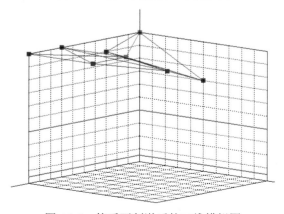

图 13-9　接受再刺激后的三维模拟图

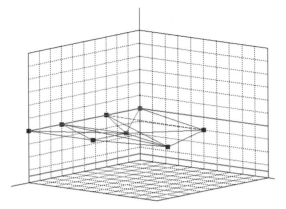

图 13-10　两个属性模糊的三维模拟图

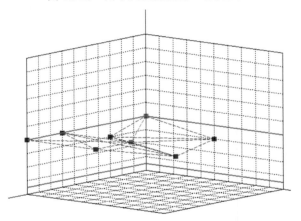

图 13-11　全部属性模糊的三维模拟图

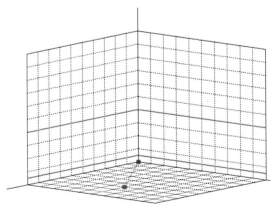

图 13-12　B 级属性遗忘后的三维模拟图